人工智能系列规划教材

全国高等院校计算机基础教育研究会重点立项项目

Python 编程从入门到实践

主　编　肖　衡　刘开南　杨博雄

副主编　周显春　潘玉霞　杨　琳

北京邮电大学出版社
www. buptpress. com

内 容 简 介

本书在内容上从初学者的角度出发,用通俗易懂的语言、流行有趣的案例,详细地介绍了使用 Python 语言进行程序开发需要掌握的知识点和技术,由问题导入知识,由分析引导求解问题的实践能力。本书分为 11 章,从环境配置开始,到语法基础、数据类型、程序控制结构,逐步深入模块化编程,进行项目实践。本书旨在带领读者进行一次愉快的 Python 学习之旅。本书中所有的章节都列出了问题导向、重点与难点、知识导图,能让读者对知识点一目了然,对内容轻松领会,帮助读者快速进入实践开发阶段,掌握工程开发技能。

本书的内容深入浅出,注重理论知识向应用实践的转化,涵盖的知识面较广,既可作为数据科学与技术、智能科学与技术等专业大中专院校"Python 语言程序设计"课程的教材,也可作为有志青年的自学参考书。

图书在版编目(CIP)数据

Python 编程从入门到实践 / 肖衡,刘开南,杨博雄主编 . -- 北京 : 北京邮电大学出版社,2021.8
(2024.1重印)

ISBN 978-7-5635-6478-1

Ⅰ.①P…　Ⅱ.①肖…②刘…③杨…　Ⅲ.①软件工具—程序设计　Ⅳ.①TP311.561

中国版本图书馆 CIP 数据核字(2021)第 157010 号

策划编辑:马晓仟　　**责任编辑:**孙宏颖　　**封面设计:**七星博纳

出版发行:北京邮电大学出版社
社　　址:北京市海淀区西土城路 10 号
邮政编码:100876
发 行 部:电话:010-62282185　传真:010-62283578
E-mail:publish@bupt.edu.cn
经　　销:各地新华书店
印　　刷:北京虎彩文化传播有限公司
开　　本:787 mm×1 092 mm　1/16
印　　张:18
字　　数:468 千字
版　　次:2021 年 8 月第 1 版
印　　次:2024 年 1 月第 3 次印刷

ISBN 978-7-5635-6478-1　　　　　　　　　　　　　　　　　　　　　定价:48.00 元

前　言

人工智能自诞生以来,相关的理论和技术日益成熟,其应用领域也在不断扩大。就其本质而言,是对人类思维过程的信息模拟,如语音识别、图像识别、自然语言处理等都是对人类思维过程的模拟实现。人工智能的核心是由"程序设计＋算法"来实现的,学习编程,掌握编程技术成为计算机相关行业人员的必备技能。世界著名计算机图书出版机构O'Reilly & Associates的创始人Tim O'Reilly曾说:"编程过程就是我们和机器交流的过程,这一点已经深深地嵌入了我们的生活。如果你不懂编程,就好比中古世纪的文盲,只能通过识字祭司的安排来思考。当越来越多的人会读书、会写字的时候,就出现了文艺复兴;当每个人都会编程的时候,离下一个文艺复兴也就不远了。"

乔布斯曾说"每个人都应该学习如何编程,因为它教会你如何去思考"。可见,编程技能的学习是一个运用计算机解决现实问题的思维养成过程。这一过程能让学习者将"计算思维"转化为运用计算解决问题的基本能力。Facebook首席运营官Sheryl Sandberg说:"在今天的世界里,很好地理解计算机科学变得越来越必不可少。国家的综合竞争力取决于我们在孩子身上的教育能力,这是一个关键领域。"在我国2017年国务院发布的《新一代人工智能发展规划》中明确指出:"人工智能成为国际竞争的新焦点,应逐步开展全民智能教育项目,在中小学阶段设置人工智能相关课程、逐步推广编程教育、建设人工智能学科,培养复合型人才,形成我国人工智能人才高地。"

作为在人工智能与大数据领域应用最广的语言,Python在今天变得如此重要,主要原因在于它能方便地为我们的工作及生活创造智能的特性。Python语言简单易学,应用广泛,尤其在科学计算、物联网、大数据及人工智能等领域,它展现了强大的生命力。震惊全球的阿尔法狗(AlphaGo)部分核心代码是用Python编写的。

本书的编写基于两个期望:期望读者掌握一门终身受用的程序语言(Python语言),

1

期望读者掌握利用程序设计语言解决实际问题的过程和思路。本书按照基础知识简单易读、案例应用由点到面、知识串联层层叠加的原则，以问题为导向，由现实场景启发学生发现问题、分析问题、解决问题，旨在培养学生自主思考、主动探索的学习习惯，以期达到提升学生计算思维、工程思维及创新思维能力的目标。

本书内容的学习可以零基础为起点，通过通俗易懂的语言、流行有趣的案例，带领读者开启 Python 学习之旅。本书详细地介绍了使用 Python 进行程序开发时需要掌握的知识与技术。本书分为 11 章，包括 Python 编程语言简介、Python 基本语法、Python 数据类型、程序控制结构、函数、组合数据类型、文件、面向对象、网络爬虫、多线程及图形用户界面等。本书中所有章节都列出了问题导向、重点与难点、知识导图。每个案例都给出了完整的程序代码和详细的注释，帮助读者轻松领会 Python 语言的精髓，快速开发出优秀的代码，提高工程应用能力。

本书以学生成绩管理系统案例贯穿基础知识的章节，便于读者更好地理解和掌握系统开发的流程，逐渐养成工程迭代思维习惯；同时在每个知识点后面都列出了具有现代气息的案例应用，以帮助读者快速地掌握基础知识，更好地在案例分析与实现过程中巩固所学知识，提升实践能力，快速从入门迈向实践应用，达到举一反三的能力拓展。每个章节的练习题都是对章节知识的巩固，也是对学生自我思考与创新思维的引导。最后在介绍图形用户界面时，以实际的项目开发进行实践，让读者从需求分析开始，体会整体架构的设计、模块的划分、平台设计，在实践中提升工程开发能力。本书配套了全部案例的详细开发流程与规范代码、PPT 课件及视频学习材料，以实现立体化、全方位的教学模式，力求让读者能快速掌握 Python 语言，跨入程序开发领域，进行工程实践和创新设计。

本书由三亚学院的肖衡负责内容规划和统稿编写，由刘开南、杨博雄负责整体设计和审核，由周显春、潘玉霞、杨琳进行设计和修订。还有很多的教师和学生对本书提出了许多宝贵的意见，在此一并向他们表示衷心的感谢。

因编者水平有限，书中难免存在不足之处，恳请读者批评指正。

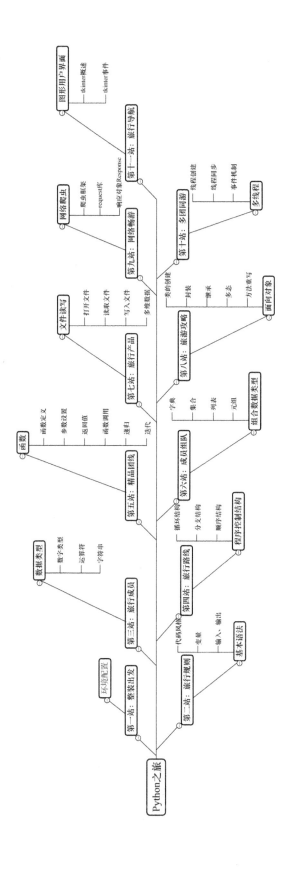

Python之旅

第一站：整装出发
- 环境配置

第二站：旅行规则
- 基本语法
  - 代码风格
  - 变量
  - 输入、输出

第三站：旅行成员
- 数据类型
  - 数字类型
  - 运算符
  - 字符串

第四站：旅行路线
- 程序控制结构
  - 循环结构
  - 分支结构
  - 顺序结构

第五站：精品团线
- 函数
  - 函数定义
  - 参数设置
  - 返回值
  - 函数调用
  - 递归
  - 迭代

第六站：成员组队
- 组合数据类型
  - 字典
  - 集合
  - 列表
  - 元组

第七站：旅行产品
- 文件读写
  - 打开文件
  - 读取文件
  - 写入文件
  - 多维数据

第八站：旅游攻略
- 面向对象
  - 类的创建
  - 封装
  - 继承
  - 多态
  - 方法重写

第九站：网络畅游
- 网络爬虫
  - 爬虫概案
  - request库
  - 响应对象Response

第十站：多团同游
- 多线程
  - 线程创建
  - 线程同步
  - 事件机制

第十一站：旅行导航
- 图形用户界面
  - tkinter概述
  - tkinter事件

目　　录

第1章 Python 编程语言简介

问题导向

- 如何安装配置 Python 运行环境？
- 怎么编写运行程序？
- 选择什么样的编辑器？

重点与难点

- 掌握 Python 编辑器的安装。
- 掌握程序运行的方式。

知识导图

Python 之旅——整装出发

随着大数据和人工智能的迅猛发展，Python 成为当前火爆的编程语言。让我们一起随着信息大潮，开启智能时代的 Python 之旅吧。在出发前，我们需要做好准备工作，打包行囊，规划路线。

开启学习之旅之前，我们需要确定编程装备——Python 3.×，了解装备属性——Python 特点，获取装备方式——下载 Python 开发工具。

1.1 Python 概述

Python 语言诞生于 1990 年，由 Guido van Rossum 设计并领导开发。1989 年 12 月，

Guido 为打发圣诞节的无趣，决定开发一个新的脚本解释程序，作为他正参与设计的一种 ABC 语言的解释器。而 Python 的命名则源于 Guido 对当时一部英剧 *Monty Python's Fliying Circus* 的极大兴趣。Python 语言的诞生是一个偶然事件，但 30 多年的持续发展将这个偶然事件变成了计算机技术发展过程中的一件大事。

Python 语言是开源项目的优秀代表，其解释器的全部代码都是开源的，可以在 Python 语言的主网站（http://www.python.org）自由下载。

2000 年 10 月，Python 2.0 正式发布，标志着 Python 语言完成了自身涅槃，人们解决了其解释器和运行环境中的诸多问题，从此开启了 Python 广泛应用的新时代。2010 年，Python 2.7 被发布，终结了 2.×系列的发展。

2008 年 12 月，Python 3.0 正式发布，在语法和解释器内容层面都做了很多重大改进，解释器内部采用完成面向对象的方式实现。当然，这种改变也付出了巨大代价，即 3.×系列版本无法向下兼容 2.×版木。

Python 语言经历了一个痛苦但令人期待的版本更迭过程，从 2008 年开始，用 Python 编写的几万个函数库也开始了版本的升级过程。至今，绝大多数 Python 函数库和 Python 程序员都采用 Python 3.×系列语法和解释器。"Python 2.×已经是遗产，Python 3.×是这个语言的现在和未来"。

1.2　Python 的特点

Python 是一种面向对象的、解释型的、通用的、开源的脚本编程语言，具有非常多的优点。

1. 简单易学

Python 是一种代表极简主义的编程语言，阅读一段排版优美的 Python 代码，就像在阅读一个英文段落，非常贴近人类语言，所以人们常说，Python 是一种具有伪代码特质的编程语言。

和传统的 C/C++、Java、C♯等语言相比，Python 对代码格式的要求没有那么严格，这种宽松使得用户在编写代码时比较舒服，不用在细枝末节上花费太多精力。例如：Python 不要求在每个语句的最后写分号，当然写上也不会报错；同时定义变量时不需要指明类型，甚至可以给同一个变量赋值不同类型的数据。这两点也是 PHP、JavaScript、MATLAB 等常见脚本语言都具备的特性。

一旦简单了，一件事情就会变得很纯粹。我们在开发 Python 程序时，可以专注于解决问题本身，而不用顾虑语法的细枝末节。在简单的环境中做一件纯粹的事情，那简直是一种享受。

2. 开源

开源即开放源代码，意思是所有用户都可以看到源代码。

Python 的开源体现在两方面。

（1）程序员使用 Python 编写的代码是开源的

比如，我们开发了一个 BBS 系统，放在互联网上让用户下载，那么用户下载到的就是该系统的所有源代码，并且可以随意修改。这也是解释型语言本身的特性，想要运行程序就必须有源代码。

（2）Python 解释器和模块是开源的

官方将 Python 解释器和模块的代码开源，是希望所有 Python 用户都参与进来，一起改进 Python 的性能，弥补 Python 的漏洞，代码被研究的越多就越健壮。

3．高级语言

Python 是一种高级语言。高级是指 Python 封装较深，屏蔽了许多底层细节，无须再考虑如何管理程序使用的内存之类的细节。Python 语言提供了一套完善的内存管理机制和垃圾处理机制，将程序员从烦琐易错的内存管理工作中解放出来，专注于程序的逻辑实现，从而大大地提高了开发效率，减少了错误率。

4．可移植性

Python 可以跨操作平台运行，即 Python 程序的核心语言和标准库可以在 Linux、Windows 及其他带有 Python 解释器的平台上无差别地运行。其原因有如下 3 个方面。

① Python 发行时自带的标准库和模块在实现上也都尽可能地考虑了跨平台的可移植性。

② Python 程序自动编译成可移植的字节码，这些字节码在已安装兼容版本的 Python 上运行的结果是一样的。

③ Python 的标准实现是由可移植的 ANSI C 编写的。

5．解释型

解释型是指 Python 代码是通过 Python 解释器来将代码"解释"为计算机硬件能够执行的芯片语言的。而用 C 语言编写的代码，则需要通过编译、链接、生成 exe 文件，才能变成计算机能运行的芯片语言。因此，Python 语言与 C 语言在转换成芯片语言的方式上有着本质的不同，用 Python 语言编写的程序不需编译成二进制机器指令，可以直接从源代码运行程序。在计算机内部，运行 Python 程序时，Python 解释器把源代码翻译成字节码指令的中间形式，然后再根据字节码指令执行对应的二进制代码。Python 语言的这种特性称为解释型。

6．面向对象

面向对象是现代编程语言一般都具备的特性，否则在开发大型程序时会捉襟见肘。

Python 既支持面向编程，也支持面向对象，不强制使用面向对象。Java 是典型的面向对象编程语言，但是它强制必须以类和对象的形式来组织代码。在面向过程语言中，程序开发是以实现执行过程为设计思想，以函数为程序主体构建起来的。在面向对象的语言中，程序开发是以描述执行人即对象的特征及其相互作用为主要设计思想，以由属性和方法组成的对象为程序主体构建起来的。

7．丰富的库

Python 的标准库非常庞大，基本实现了所有的常见功能，从简单的字符串处理，到复杂的 3D 图形绘制，借助 Python 的标准库都可以轻松完成。

除了标准库以外，还有许多其他高质量的扩展库，如 Numpy(数值计算)、Twisted(网络工具)、Pillow(图像处理)等。

8．可扩展性和可嵌入性

Python 的可扩展性体现在它的模块，Python 具有脚本语言中最丰富和强大的类库，这些类库覆盖了文件 I/O、GUI、网络编程、数据库访问、文本操作等绝大部分应用场景。

这些类库的底层代码不一定都是 Python，还有很多 C/C++的身影。当需要一段关键代码运行速度更快时，就可以使用 C/C++语言实现，然后在 Python 中调用它们。还可以将 Python 程序嵌入 C 或 C++程序中，从而提供脚本功能。由于 Python 能把其他语言"粘"在一起，也被称为"胶水语言"。

Python 依靠其良好的扩展性,在一定程度上弥补其运行效率慢的缺点。

除了上面提到的各种优点,Python 也是有缺点的。

(1) 运行速度慢

运行速度慢是解释型语言的通病,Python 也不例外。

Python 速度慢不仅是因为一边运行一边"翻译"源代码,还因为 Python 是高级语言,屏蔽了很多底层细节。这个代价也是很大的,Python 要多做很多工作,有些工作是很消耗资源的,比如管理内存。

Python 的运行速度几乎是最慢的,不但远远慢于 C/C++,还慢于 Java。

但是速度慢的缺点往往也不会带来什么大问题。首先计算机的硬件速度越来越快,多花钱就可以买高性能的硬件,硬件性能的提升可以弥补软件性能的不足。其次有些应用场景可以容忍速度慢,比如网站,用户打开一个网页的大部分时间都在等待网络请求,而不是等待服务器执行网页程序。服务器用 1 ms 执行程序和用 20 ms 执行程序,对用户来说是毫无感觉的,因为网络连接时间往往需要 500 ms 甚至是 2 000 ms。

(2) 代码加密困难

不像编译型语言的源代码会被编译成可执行程序,Python 直接运行源代码,因此对源代码加密比较困难。

1.3 Python 的应用领域

1. Web 应用开发

由于 Python 是一种解释型的脚本语言,开发效率高,所以非常适合用来做 Web 开发。如通过 mod_wsgi 模块,Apache 可以运行用 Python 编写的 Web 程序。

Python 有上百种 Web 开发框架,有很多成熟的模板技术,选择 Python 开发 Web 应用,不但开发效率高,而且运行速度快。人们定义了 WSGI 标准应用接口来协调 HTTP 服务器和基于 Python 的 Web 程序之间的调用。

Python 常用的 Web 开发框架有 Django、Flask、Tornado、web2py 等,可以让程序员轻松地开发和管理复杂的 Web 程序。

许多知名的互联网企业将 Python 作为主要开发语言:豆瓣、知乎、果壳网、Google、NASA、YouTube、Facebook 等。

由于后台服务器的通用性,除了狭义的网站之外,很多 App 和游戏的服务器端也同样用 Python 实现。

2. 网络爬虫

网络爬虫是 Python 比较常用的一个场景,国际上,Google 在早期大量地使用 Python 语言作为网络爬虫的基础,带动了整个 Python 语言的应用发展。以前国内很多人用采集器搜刮网上的内容,现在用 Python 收集网上的信息,比以前容易了很多,例如:从各大网站爬取商品折扣信息,比较获取最优选择;对社交网络上的发言进行收集分类,生成情绪地图,分析语言习惯;爬取网易云音乐某一类歌曲的所有评论,生成词云;按条件筛选获得豆瓣的电影书籍信息并生成表格等。通过网络爬虫可以做很多好玩、有趣、有用的事。

3. 科学计算

Numpy、Scipy、Matplotlib 可以让 Python 程序员编写科学计算程序。与科学计算领域最流行的 MATLAB 相比，Python 是一门通用的程序设计语言。Python 比 MATLAB 所采用的脚本语言的应用更广泛，并有更多程序库的支持。虽然 MATLAB 中许多高级功能和工具箱目前还无法替代，但在日常的科研开发之中仍然有很多的工作是可以用 Python 来代替的。

4. 数据分析

在数据分析处理方面，Python 有很完备的生态环境。"大数据"分析中涉及的分布式计算、数据可视化、数据库操作等，Python 中都有成熟的模块可以选择并完成其功能。对于 Hadoop-MapReduce 和 Spark，都可以直接使用 Python 完成计算逻辑，这无论是对于数据科学家，还是对于数据工程师而言，都是十分便利的。

5. 自动化运维

Python 对于服务器运维而言也有十分重要的用途。由于目前几乎所有 Linux 发行版中都自带了 Python 解释器，所以使用 Python 脚本进行批量化的文件部署和运行调整都成了 Linux 服务器上很不错的选择。Python 中也包含许多方便的工具，从调控 ssh/sftp 用的 paramiko，到监控服务用的 supervisor，再到 bazel 等构建工具，甚至是 conan 等用于 C++的包管理工具，Python 提供了全方位的工具集合，在这个基础上，结合 Web，开发方便运维的工具会变得十分简单。

1.4　Python 语言开发环境的安装

Python 语言解释器是一个轻量级的小尺寸软件，可以在 Python 语言主网站上下载，网址：https://www.python.org/downloads/。主网站下载页面如图 1-1 所示。

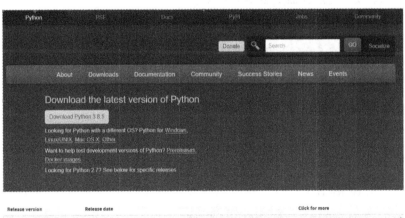

图 1-1　下载页面

在下载页面可根据自己的操作系统版本选择相应的 Python 3.×系列进行安装。Python 的解释器会逐步发展,对于初学者来说,建议采用 3.6 或之后的版本。

在 Windows 平台下安装 Python 环境的步骤如下。

① 在主网站选择 Windows 平台的安装包,此处以 Python 3.6.3 为例,如图 1-2 所示。

- Download Windows x86 embeddable zip file
- Download Windows x86 executable installer
- Download Windows x86 web-based installer
- Python 3.6.6 - June 27,2018
  - Note that Python 3.6.6 *cannot* be used on Windows XP or earlier.

- Download Windows help file
- Download Windows x86-64 embeddable zip file
- Download Windows x86-64 executable installer ← 64位系统选用
- Download Windows x86-64 web-based installer
- Download Windows x86 embeddable zip file
- Download Windows x86 executable installer ← 32位系统选用
- Download Windows x86 web-based installer
- Python 2.7.15- May 1, 2018
  - Download Windows debug information files
  - Download Windows debug information files for 64-bit binaries
  - Download Windows help file
  - Download Windows x86-64 MSI installer
  - Download Windows x86 MSI installer

- Download Windows x86-64 executable installer
- Download windows x86-64 web-based installer
- Download Windows x86 embeddable zip file
- Download Windows x86 executable installer
- Download Windows x86 web-based installer
- Python 3.6.8rc1 - Dec. 11,2018
  - Download Windows help file
  - Download Windows x86-64 embeddable zip file
  - Download Windows x86-64 executable installer
  - Download Windows x86-64 web-based installer
  - Download Windows x86 embeddable zip file
  - Download Windows x86 executable installer
  - Download Windows x86 web-based installer
- Python 3.7.1rc2 - Oct. 13, 2018
  - Download Windows help file
  - Download Windows x86-64 embeddable zip file
  - Download Windows x86-64 executable installer
  - Download Windows x86-64 web-based installer
  - Download Windows x86 embeddable zip file

图 1-2　选择下载版本

② 双击下载的程序安装包 python-3.6.3.exe。注意要勾选"Add Python 3.6 to PATH",如图 1-3 所示,单击"Customize installation"进入下一步(方便我们自定义安装路径)。如果不勾选"Add Python 3.6 to PATH",则需要手动设置环境变量。可选特性如图 1-4 所示。安装路径如图 1-5 所示。安装完成界面如图 1-6 所示。

图 1-3　安装设置

查看版本信息,检验环境变量是否配置成功:Windows"开始"菜单→搜索框中输入"cmd"→回车,启动命令提示符→输入 Python。安装成功的控制台输出如图 1-7 所示。

图 1-4　可选特性

图 1-5　安装路径

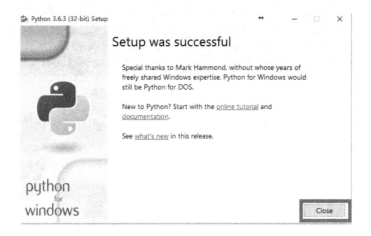

图 1-6　安装完成界面

管理员: C:\Windows\system32\cmd.exe - python

```
Microsoft Windows [版本 10.0.17763.316]
(c) 2018 Microsoft Corporation。保留所有权利。

C:\Users\Administrator>python
Python 3.6.5 |Anaconda, Inc.| (default, Mar 29 2018, 13:32:41) [MSC v.1900 64 bit (AMD64)] on win32
Type "help", "copyright", "credits" or "license" for more information.
>>>
```

图 1-7　安装成功的控制台输出

1.5　运行 Python 程序

运行 Python 程序有两种方式：交互式和文件式。交互式是指 Python 解释器即时响应用户输入的每一条代码，给出输出结果，一般用于调试少量代码。文件式也称为批量式，用户将 Python 程序写在一个或多个文件中，然后启动 Python 解释器批量执行文件中的代码，文件式是最常用的编程方式。

1. 在 Windows 系统中运行 Python 程序

在 Windows 平台启动交互式的常用方式：Windows"开始"菜单→搜索框中输入"cmd"→回车，启动命令提示符→输入 Python。在命令提示符">>>"后面输入程序代码。如运行"hello world!"：

```
>>> print("hello world")
```

按回车，就会输出结果"hello world!"，如图 1-8 所示。

```
Microsoft Windows [版本 10.0.17763.316]
(c) 2018 Microsoft Corporation。保留所有权利。

C:\Users\Administrator>python
Python 3.6.5 |Anaconda, Inc.| (default, Mar 29 2018,
Type "help", "copyright", "credits" or "license" for
>>> print("hello world!")
hello world!
>>>
```

图 1-8　交互式运行程序

打开 Python 自带的 IDLE，单击"File"，选择"New File"，然后输入源代码，如图 1-9 所示，从"File"中选择"save"，保存到硬盘中，如 d:/python/mypy01.py。

执行代码：在 IDLE 中单击 F5 或者"Run→Run Module"执行这个源程序。

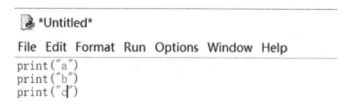

图 1-9　文件式运行程序

2. 在 Linux 系统和 OS X 系统中运行 Python 程序

在 Linux 系统和 OS X 系统中,从终端运行 Python 程序的方式相同。在终端会话中,可使用终端命令 cd(change directory,切换目录)在文件系统中导航。命令 ls(list 的简写)显示当前目录所有未隐藏的文件。

为了运行 Python 文件夹中的 hello.py 程序,先打开一个新的终端窗口,并执行下面的命令:

```
~ $ cd Python/
~/Python $ ls
hello.py
~/Python $ python hello.py
hello world!
```

1.6　集成开发环境

集成开发环境(Integrated Development Environment,IDE)是专用于软件开发的程序。顾名思义,IDE 集成了几款专门为软件开发而设计的工具。这些工具通常包括一个专门处理代码的编辑器(例如语法高亮和自动补全),构建、执行、调试工具和某种形式的源代码控制。

大部分的集成开发环境兼容多种编程语言并且包含更多功能,因此一般来说体积较大,需要时间去下载和安装,并且为了正确使用需要更高深的知识。

相比之下,一款特制的代码编辑器可以像带有语法高亮和代码格式化功能的文本编辑器一样简单。大多数优秀的代码编辑器都可以执行代码和控制调试器,并且也可以和源码控制系统进行最好的交互。与集成开发环境相比,出色的专用代码编辑器往往体积更小、更迅捷,但同时功能更少。

优秀的 Python 编程环境一般满足以下要求。

(1)保存和重载代码文件

如果一款集成开发环境或者编辑器不允许用户保存现有工作,并在之后重新打开时不能保持用户离开时的相同状态,那么它就不是什么集成开发环境。

(2)在环境内运行代码

类似的是,如果用户必须退出编辑器来运行 Python 代码,那么它就是一个普通的文本编辑器。

(3)支持调试

在程序运行时支持逐步运行代码是所有集成开发环境和大多数优秀代码编辑器必备的核心功能。

(4)语法高亮

支持对代码中的关键词、变量和符号进行快速标识,可以让用户阅读和理解代码更为轻松。

(5)自动补充代码格式

任何一个引人注目的编辑器或者集成开发环境都会在一个"while"或者"for"语句末端识

别冒号,并且知道下一行应该缩进。

常用的 IDE 如下。

1. Eclipse ＋ PyDev

Eclipse 实际上是一款面向 Java 开发的,兼容 Linux、Windows 和 OS X 的集成开发环境。它拥有丰富的插件和扩展功能市场,这使得 Eclipse 适用于各种各样的开发项目。

PyDev 是 Python IDE 中使用最普遍的,它是免费的,同时还提供很多强大的功能来支持高效的 Python 编程。它是一个运行在 Eclipse 上的开源插件,支持 Python 调试、代码补全和交互式 Python 控制台。在 Eclipse 中安装 PyDev 非常便捷,只需从 Eclipse 中选择"Help",单击"Eclipse Marketplace",然后搜索 PyDev。单击安装,必要的时候重启 Eclipse 即可。

Eclipse 可以在它的官方网站 Eclipse.org 中找到并下载,选择适合自己的 Eclipse 版本,比如 Eclipse Classic。下载完成后解压到想安装的目录中即可。

运行 Eclipse 之后,选择"Help"→"Install New Software",如图 1-10 所示。

图 1-10　安装 PyDev 步骤 1

单击"Add",添加 pydev 的安装地址 http://pydev.org/updates/,如图 1-11 所示。

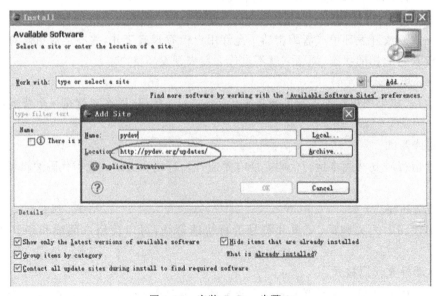

图 1-11　安装 PyDev 步骤 2

　　完成后单击"ok",接着单击 PyDev 的"+",展开 PyDev 的节点,要等一小段时间,让它从网上获取 PyDev 的相关套件,当完成后会多出 PyDev 的相关套件在子节点里,勾选它们,然后单击"next"进行安装。

　　安装完成后,还需要设置一下 PyDev,选择"Window"→"Preferences"来设置。然后设置 Python 的路径,从"Pydev"的"Interpreter-Python"页面选择"New",如图 1-12 所示,会弹出一个窗口,选择安装 Python 的位置,如图 1-13 所示。

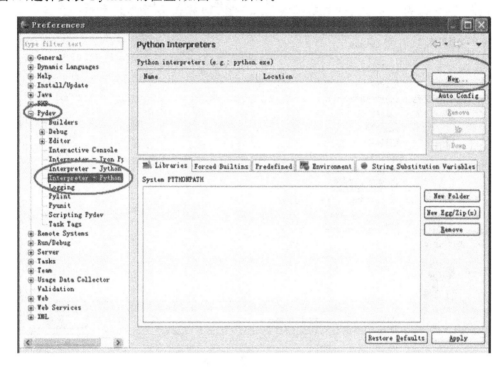

图 1-12　安装 PyDev 步骤 3

完成之后 PyDev 就设置完成了,并可以开始使用了。

2. PyCharm

　　PyCharm 是最好的商业 Python IDE,也是唯一一个专门面向 Python 的全功能集成开发环境,同样拥有付费版(专业版)和免费开源版(社区版)。PyCharm 不论是在 Windows 中,Mac OS X 系统中,还是在 Linux 系统中,都支持快速安装和使用。

　　开箱即用,PyCharm 直接支持 Python 开发环境,打开一个新的文件,然后就可以开始编写代码。也可以在 PyCharm 中直接运行和调试 Python 程序,并且它支持源码管理和项目。

　　PyCharm 最受欢迎的特性是它支持很多第三方 Web 开发框架,如 Django、Pyramid、web2py、google app engine 和 Flask,这也使得它成为一个完整的快速应用集成开发环境。

3. Sublime Text

　　Sublime Text 是一款非常流行的代码编辑器,其开发者是一名谷歌的工程师,他的梦想是使其成为更好的文本编辑器。Sublime Text 支持 Python 代码编辑的同时兼容所有平台,并且丰富的插件(称为"包")扩展了语法和编辑功能。

　　安装额外的 Python 扩展可能会比较棘手,Sublime Text 中所有的包都是用 Python 写成的,并且安装社区扩展往往需要直接在 Sublime Text 中执行 Python 脚本。

图 1-13　设置编译器

4. Spyder

　　Spyder 是一款为数据科学工作流做了优化的开源 Python 集成开发环境。它附在 Anaconda 软件包管理器发行版中,它兼容 Windows、macOS 和 Linux 系统并且是一个完全开源软件。

　　Spyder 引人注目的一点是其目标受众是使用 Python 的数据科学家们。举个例子来说, Spyder 很好地集成了一些诸如 SciPy、NumPy 和 Matplotlib 这样的公共 Python 数据科学库。

　　Spyder 拥有大部分集成开发环境该具备的功能,例如,具备强大语法高亮功能的代码编辑器、Python 代码补全,甚至是集成文件浏览器。

　　它拥有其他 Python 编辑环境中没有的一个特殊功能, Spyder 具有“变量浏览器”功能,它会以表格形式出现在集成开发环境界面右侧来展示数据。Spyder 关于 IPython 或者说 Jupyter 的集成也做得非常好。

　　总之,作者认为 Spyder 比其他的集成开发环境更基本,作者更愿意把它看作一款专业工具,而不是日常使用的编辑环境。关于 Spyder 比较优秀的一点是,它兼容 Windows、macOS 和 Linux 系统并且是一个完全开源软件。

1.7　扩展库的安装与使用

1. 扩展库的安装

扩展库的安装有很多种方式,如使用源码安装、二进制安装、easy_install 以及 pip 工具安装等。其中 pip 工具安装是管理和安装 Python 扩展库最常用的方式。使用 pip 不仅可以查看本机已安装的 Python 扩展库列表,其还支持 Python 扩展库的安装、升级和卸载等操作。

使用 pip 工具管理 Python 扩展库只需要在计算机联网的情况下输入几个命令即可完成,极大地方便了用户。常用 pip 命令的使用方法如表 1-1 所示。

表 1-1　常用 pip 命令的使用方法

pip 命令示例	说　明
pip download 库命[= =version]	下载扩展库的指定版本,不安装
pip freeze	以 requirements 的格式列出已安装模块
pip list	列出当前已安装的所有模块
pip install 库名[= = version]	在线安装某个模块库的指定版本
pip install 库名.whl	通过.whl 文件离线安装扩展库
pip install 库 1 库 2 …	依次在线安装库 1、库 2 等扩展模块
pip install -r requirements.txt	安装 requirements.txt 文件中指定的扩展库
pip install － upgrade 库名	升级指定模块
pip uninstall 库名[= = version]	卸载模块库的指定版本

在网站 http://pypi.python.org/pypi 中可以获得 Python 扩展库的综合列表,可以根据需要下载源码进行安装或者使用 pip 工具进行在线安装,也有一些扩展库提供了.whl 文件和.exe 文件,大幅度地简化了扩展库的安装过程。

有些扩展库安装时要求本机已安装了相应版本的 C/C++编译器,或者有些扩展库暂时还没有与本机 Python 版本对应的官方版本,则可以从 http://www.lfd.uci.edu/~gohlke/pythonlibs 下载相应的.whl 文件,然后在命令提示符环境中使用 pip 命令进行安装。

2. 扩展库的导入

Python 的默认安装仅包含核心模块和基本模块,启动时也仅加载了基本模块。如果要使用标准库或第三方扩展库,需要显式地导入。这种方式可以减少程序运行的压力,并且具有很强的可扩展性。

显式调用标准库或第三方扩展库常用 3 种格式。

(1) import 模块名

使用这种方式导入模块后,每次在使用模块中的方法时,需要在对象前面加上模块名作为前缀,格式为:

```
模块名.方法名
```

例如,导入海龟画笔画半径为 100 的圆:

```
import turtle
turtle.circle(100)
turtle.done()
```

如果模块名较长，或是使用频率较高，可以在导入模块时给它设置一个别名，格式为：

```
import 模块 as 别名
```

再用"别名.方法名"的格式来使用。例如，导入画笔画圆：

```
import turtle as t
t.circle(100)
t.done()
```

（2）from 模块 import 方法名

使用这种方式仅导入明确指定的方法。这种导入方式可以减少查询次数，提高访问速度，同时也可以减少程序员需要输入的代码量，不需要以模块名为前缀。如导入画笔画圆，只用到画圆的方法：

```
from turtle import circle
circle(100)
```

（3）from 模块 import *

"*"是通配符，代表任意多个。这种方法是第 2 种方法的极端情况，能一次导入模块中所有的方法，即通过 __all__ 变量指定了所有的方法。如导入画笔画圆：

```
from turtle import *
circle(100)
done()
```

这种方法比较简单粗暴，写起来很省事，可以直接使用模块中的所有方法，而不需要以模块名作前缀。但是一般并不推荐这样使用，原因有二：一是会降低代码的可读性，有时很难区分自定义函数和从模块中导入的方法（函数）；二是这种导入对象的方式将会导致命名空间的混乱。如果多个模块中有同名的方法，只有最后一个导入模块中的方法是有效的，而之前导入模块中的同名方法都将无法访问，不利于代码的理解与维护。

第 2 章　Python 基本语法

问题导向

- Python 编程要遵循什么规则？
- 基本的输入/输出如何实现？
- 用 Python 编程解决实际问题的流程是什么？

重点与难点

- IPO 分析解决问题的方法。
- Python 程序的结构框架。
- 变量与表达式的应用。
- 常用的基本函数。

知识导图

Python 之旅——旅行规则

各行各业都有自己的行业规则,我们的 Python 之旅需要遵守什么样的旅行规则呢？

在 Python 程序设计中主要遵循以下几点:第一个是 Python 编程求解问题的规则,第二个是 Python 编写程序的语法规则,第三个是程序控制的基本结构。

2.1　用程序实现问题求解

编写程序的目的是"使用计算机解决问题"。程序设计可以分为 6 个步骤。

（1）分析问题

分析问题的计算部分,想清楚计算什么。首先必须明确,计算机只能解决计算问题,即解

15

决一个问题的计算部分。对于一个问题中的计算部分,不同理解将产生不同的计算问题,也将产生不同功能和复杂度的程序。如何更好地理解一个问题的计算部分,如何有效地利用计算机解决问题,这不仅是编写程序的问题,而是更重要的思维问题,即计算思维。

（2）划分边界

划分问题的功能边界,规划 IPO(Input,Process,Output)。计算机只能完成确定性的计算功能,因而在分析问题计算部分的基础上,需要精确定义或描述问题的功能边界,即明确问题的输入、输出和对处理的要求。可以利用 IPO 方法辅助分析问题的计算部分,给出问题的 IPO 描述。在这一步中只关心问题的功能需求,即明确程序的输入、输出及输入与输出之间的总体功能关系。

（3）设计算法

设计问题的求解算法,即关注算法。在明确处理功能的基础上,通过设计算法来实现程序功能。若简单的程序功能中输入与输出间的关系比较直观,结构比较简单,则直接选择或设计算法即可。若程序功能复杂,需要利用程序设计方法将"大功能"划分成许多"小功能",或将功能中相对独立的部分封装成具有属性和操作的类,并在各功能或类之间设计处理流程。对于"小功能"或类的操作,可将其看成一个新的计算问题。

（4）编写程序

编写问题的计算程序,即编写程序。选择一门编程语言,将程序结构和算法设计用编程语言来实现。原则上,任何编程语言都可以用来解决计算问题。只是不同的编程语言在程序的运行性能、可读性、可维护性、开发周期和调试等方面有很大的不同。Python 的运行性能逊于 C 语言,但在可读性、可维护性和开发周期方面具有更大的优势。

（5）调试和测试

调试和测试程序,更新完善。运行程序,通过单元测试和集成测试评估程序运行结果的正确性。一般来说,程序错误(通过称为 BUG)与程序规模成正比。即使经验丰富的优秀程序员也会存在 BUG,找到并排除程序错误十分必要。而当程序正确运行之后,可采用更多的测试来发现程序在各种情况下的特点,例如:压力测试可获得程序运行速度的最大值和稳定运行的性能边界;安全性测试能够发现程序漏洞、办公室程序的安全边界。

（6）升级维护

适应问题的升级维护。任何一个程序都有它的历史使命,在这个使命结束前,随着功能需求、计算需求和应用需求的不断变化,程序将不断地升级维护,以适应这些变化。

程序设计需要按照这 6 个步骤,在开发程序的时候能事半功倍。也可将求解计算问题的步骤精简成 3 个。

- 确定 IPO:明确计算部分及功能边界。
- 编写程序:将计算求解的设计变成现实。
- 调试程序:确保程序按照逻辑正确运行。

其中 IPO 的含义如下。

- I:Input,输入,程序的输入。程序的输入包括文件输入、网络输入、用户手工输入、随机数据输入、程序内部参数输入等。输入是一个程序的开始。
- P:Process,处理,程序的主要逻辑。程序对输入进行处理,输出结果。处理是程序对输入数据进行计算并产生输出结果的过程,处理的方法也叫算法,是程序最重要的部分。可以说,算法是一个程序的主要灵魂。

- O：Output，输出，程序的输出。程序的输出包括屏幕显示输出、文件输出、网络输出、操作系统内部变量输出等。输出是一个程序展示运算成果的方式。

2.2　Python 程序语法元素

程序设计的 6 个步骤是利用计算机解决问题的方法步骤，程序设计语言则是解决问题的实现载体。在编写 Python 程序时，需要遵守哪些规则，使用哪些元素呢？下面我们通过一个程序案例来了解。

【案例 2-1】　温度转换。

```
#温度转换.py
t = input('请输入带符号的温度值：')#用键盘输入温度值
if t[-1] in ['F','f']:
    c = ((eval(t[:-1])-32)/1.8)
    print('转换后的温度是{:.2f}C'.format(c))
elif t[-1] in ['C','c']:
    f = eval(t[:-1]) * 1.8+32
    print('转换后的温度是{:.2f}F'.format(f))
else:
    print('输入格式错误')
```

1. 程序的格式框架

Python 语言采用严格的"缩进"来表明程序的格式框架。缩进指每一行代码开始前的空白区域，用来表示代码之间的包含与层次关系。不需要缩进的代码顶行编写，不留空白。编写时可用 Tab 键来实现，也可以用多个空格（一般是 4 个空格）实现。但两者不能混用。程序缩进如图 2-1 所示。

图 2-1　程序缩进

缩进是 Python 语言中表明程序框架的唯一手段，缩进不正确会导致程序运行错误。缩进也是表达代码间包含和层次关系的唯一手段。严格的缩进控制程序结构，有利于维护代码结构的可读性。

除了单层缩进，一个程序的缩进还可以"嵌套"，从而形成多层缩进。Python 语言对语句之间的层次关系没有限制,可以无限制地嵌套使用。

缩进表达了所属关系。单层缩进代码属于之前最邻近一行的非缩进代码,多层缩进代码根据缩进关系决定所属范围。

注意不是所有代码都可以通过缩进包含其他代码,图 2-1 所示的缩进代码包含在 if-elif-else 这种判断结构中。一般来说,判断、循环、函数、类等语法形式能够通过缩进包含一批代码,进而表达对应语义。但是如 print()这样的简单语句是不表达包含关系的,不能使用缩进。

2. 注释

在实际的开发中,不管是个人开发还是团队合作开发,为了让别人更容易地理解代码的功能,使用注释是非常有效的方法。

注释就是程序员在代码中加入一行或多行信息,用来对语句、函数、数据结构等进行说明,提升代码的可读性。注释是辅助说明的文字,会被解释器略去,不被计算机执行。如案例 2-1 中的第一行代码就是注释:

```
# 温度转换.py
```

Python 中有两种注释方法。

- 单行注释:以 # 开头。

```
# 这是单行注释,独占一行
```

- 多行注释:以 3 个单引号开头和结尾。如下代码以 3 个单引号开始,以 3 个单引号结束,就是多行注释。

```
'''
这是多行注释
print 语句不会被执行
print('hello world! ')
'''
```

Python 程序代码中的非注释语句将按顺序执行,而注释语句则被解释器过滤掉,不会被执行。

注释主要有 3 种用途。

(1)标明作者和版权信息

在每个源代码文件开始前增加注释,标记编写代码的作者、日期、用途、版权声明等信息,可以用单行注释或多行注释。

(2)解释代码的原理或作用

在程序关键代码附近增加注释,解释关键代码的作用,增加程序的可读性。由于程序本身已经表达了功能意图,所以为了不影响程序阅读的连贯性,程序中的注释一般采用单行注释,标记在关键代码后面。对自定义函数功能进行介绍的注释说明,则常用多行注释,一般放在函数定义之前。

(3)辅助程序调试

在调试程序时,可以通过单行注释或多行注释临时"去掉"一行或连续多行与当前调试无关的代码,帮助程序员找到程序发生问题的可能位置。

3. 变量命名与保留字

在现实生活中,人们使用一些名称来标记事物,如每种水果都有名称:苹果、梨等。在 Python 程序设计中也使用特定的名称(即变量)来保存和表示具体的数据值。为了更好地使用变量等其他程序元素,需要给它们关联一个标识符,关联标识符的过程称为命名。命名用于保证程序元素的唯一性。

Python 的标识符由字母、数字、汉字和下划线相互组合而成,但是首字符不能是数字,中间不能有空格,长度没有限制。如以下均是合法命名的标识符:python、Python、姓名、Book2、python_is_great、_is_it_a_variable。其中 python 和 Python 是两个不同的变量,因为标识符对大小写敏感。

一般来说,程序员可以为程序元素选择任何自己喜欢的名字,但是为了程序的可读性,一般以相应的英文单词代替某个变量,如表示姓名、年龄的变量,常用 name、age。对于由多个单词组合的命名一般常用 3 种规范。

① 小驼峰法:除第一个单词之外,其他单词首字母大写,这种规则常用于变量,如 myStudentNumber。

② 大驼峰法:也称为帕斯卡命名法,每一个单词的首字母都采用大写字母,此规则常用于类名、函数名、属性、命名空间等,如 class StudentInformation。

③ 下划线命名法:所有字母均小写,每个单词间都以下划线分割,如 my_student_number。

不管用哪个规范对变量进行命名,都需要遵守一定的规则。

① 标识符对大小写敏感,Python 和 python 是两个不同的变量名。

② 变量的首字符不能是数字,中间不能出现空格。

③ 不能使用保留字,如案例 2-1 中的 if、for 就是保留字,不能作为变量名。

保留字也称为关键字,指编程语言内部定义并保留使用的标识符,是编程语言的基本单词,大小写敏感,Python 3.×中共有 33 个保留字,如表 2-1 所示。

表 2-1　Python 3.×中的 33 个保留字

保留字	保留字	保留字	保留字	保留字	保留字	保留字
and	continue	except	if	nonlocal	return	True
as	def	finally	import	not	try	False
assert	del	for	in	or	while	None
break	elif	from	is	pass	with	
class	else	global	lambda	raise	yield	

4. 赋值语句

程序中产生或计算新数据值的代码称为表达式,类似数学中的计算公式。表达式以表达单一功能为目的。运算后产生运算结果,运算结果的类型由操作符或运算符决定。

在 Python 语言中,"="表示赋值,即可将等号右侧的计算结果赋给左侧的变量。包含等号的语句称为赋值语句。基本格式:

```
变量名 = 表达式
```

在 Python 中进行赋值的方式有多种,有单个变量赋值、同步赋值、交换赋值等。

① 单个变量赋值:先运算右边的表达式,再将表达式的值赋给左侧变量。如下列赋值语句先执行右侧的 5 + 6,得到 11,再将 11 赋给左侧的变量 a。

```
>>> a = 5 + 6
```

② 同步赋值:在 Python 中还可以同时给多个变量赋值,这种方式叫同步赋值。在同步赋值中,Python 会先运算右侧的 N 个表达式,同时将表达式的结果赋给左侧的 N 个变量;按照位置顺序将右侧表达式的值赋给左侧变量。基本格式:

```
变量1, 变量2, … = 表达式1, 表达式2,…
```

例如:

```
>>> a, b = 5, 6
```

左侧的变量和右侧的值会按位置一一对应进行赋值。5 会赋给 a,6 会赋给 b。

③ 交换赋值:将两个变量的值进行交换。基本格式:

```
变量1,变量2 = 变量2,变量1
>>> a, b = 5, 6
>>> a, b = b, a
```

先对 a 和 b 进行赋值,得到 a=5,b=6,再经过交换赋值 a,b=b,a,此时 a 和 b 的值进行了交换,结果是 a=6,b=5。

2.3 常用函数

1. input( ) 函数

在案例 2-1 中第二行代码就使用了一个 input()函数从控制台获得用户输入,无论用户在控制台输入什么内容,input()函数都以字符串类型返回结果。一般将 input()函数的返回结果赋给一个变量。例如案例 2-1 中的代码:

```
t = input('请输入带符号的温度值:')
```

这句代码就是利用 input()函数获取用户输入的内容,将获取到的内容作为字符串赋值给变量 t。从这个语句中,我们可以了解到 input()函数的使用规则。

input()函数括号中引号内的文字是一些提示性文字,如果无须提示,则可省略。使用方法:

```
变量名 = input(<'提示字符'>)
```

注意:无论用户在控制台输入的是数字还是字符,input()函数统一按照字符串类型返回。如输入 12.34,得到的是字符串"12.34"。如果想得到数值型,可用 eval()函数进行转换。

2. eval( ) 函数

eval(<字符串>)函数是 Python 语言中一个十分重要的函数,它能够以 Python 表达式的方式解释并执行字符串,得到的结果将去掉字符串的引号。

案例 2-1 中的 c＝((eval(t[：-1])-32)/1.8)就用到了 eval()函数,就是将字符串数值的双引号去掉,使得数据类型变成数值型。简单来说,eval(<字符串>)函数的作用是将输入的字符串转换成 Python 语句,并执行该语句。

使用 eval()函数处理字符串时需要注意使用场合,如果函数中的字符串是字母组合,如 eval('Hello'),去掉引号,得到的 Hello 将作为一个变量,由于之前并未定义这个变量,将会导致程序报错。故 eval()函数中的字符串最好是纯数字型的。如 eval('12.3')的结果就是得到数字 12.3。但如果输入的字符串是由双引号和单引号共同包含的,如 eval("Hello"),由 eval()函数去掉最外层的单引号后,内部还有一个双引号,得到"Hello",程序可以将它解释为字符串。

```
>>> eval('"Hello"')
"Hello"
>>> num = eval( input('请输入数值:'))
请输入数值:12.3
>>> print(num)
12.3
```

如果用户想要同时输入数值(小数或负数),并将数值用于计算,则需要将 eval()函数与 input()函数结合。如果同时输入两个数值并将其赋值给两个变量,注意输入时要将数字以英文逗号隔开。如:

```
>>> a, b = eval(input('请用逗号隔开两个数值:'))
请用逗号隔开两个数值:12.34,56.78
>>> print(a, b, a + b)
12.34 56.78
```

Python 语法允许在表达式内部标记之间增加空格,这些多余的空格将被解释器去掉,如:

```
c = ( ( eval ( t [ : -1 ] ) -32 ) / 1.8 )
```

每个标记之间均有空格,Python 在执行这个语句时,会把空格过滤掉,形成 c ＝ ((eval(t[：-1])-32)/1.8)。

适当地增加空格是为了提高代码的可读性,但是不强制要求。

注意:在增加空格时,一定不能改变与缩进相关的空格数量,也不能在变量命名的中间增加空格。

3. print( ) 函数

print()函数是 Python 程序中最常用,也是最基本的函数,它用于将信息输出到控制台,即在控制台窗口打印信息。下面介绍一下它的几种基本用法。

① 直接输出字符串:将要输出的字符串或变量直接放在 print()函数中。如下:

```
print('hello world! ')                        #直接输出字符串
a ='Life is too short to learn Python! '      #定义变量
print(a)                                      #输出变量对应的值
```

② 格式化输出:print()函数可以将变量与字符串组合起来,按照一定的格式输出组合后的字符串。常用的组合方式有两种,一种是参照 C 语言的％,另一种是与字符串函数 format()结合。如案例 2-1 中的"print('转换后的温度是{:.2f}F'.format(f))"。

```
temp = 23.6                              #定义变量
print('当前温度为%.1f度'% temp)          #用%将变量与字符串组合输出
print('当前温度为{:.1f}度'.format(temp))  #用format()函数将变量与字符串组合输出
```

③ 不换行输出：print()函数在输出内容到控制台后会自动换行，因为 print()函数在打印字符串时还会打印结束标志，即换行符"\n"，光标会自动出现在输出信息的下一行。想要控制输出时不换行，可以使用参数 end=''来修改结束标志。

```
print('hello world! ')                   #直接输出字符串
a = 'Life is too short to learn Python! '  #定义变量
b = 'Hello Python! '
print(a, end=' ')
print(b)
```

运行结果如下：两次输出信息在同一行中。

```
Life is too short to learn Python!    Hello Python!
```

2.4 基 本 结 构

1. 顺序结构

顺序结构是最简单的程序结构，也是最常用的程序结构，只要按照解决问题的顺序写出相应的语句就行，它的执行顺序是自上而下，依次执行。例如：

```
length, width = 5, 6
area = length * width
perimeter = 2 * (length + width)
print('长方形的面积是：{}'.format(area))
print('长方形的周长是：{}'.format(perimeter))
```

这段程序代码就是顺序结构的形式，会按照自上而下的顺序一句一句地执行。先给长和宽赋值，再算面积、周长，最后输出面积和周长的值。

2. 分支结构

分支结构是控制程序运行的一类重要结构，它的作用是根据判断条件选择相应的程序语句执行，不满足条件的分支中语句块不会被执行。它的基本格式是：

```
if  <条件>：
    <语句块 1>
elif  <条件>：
    <语句块 2>
......
else：
    <语句块 n>
```

if、elif、else 都是保留字，在 if、elif 后面必须给出条件表达式，只有在满足该条件的情况下，即表达式的结果为 True,才会执行该句下面的语句块。else 后面不用放条件表达式,表示不满足 if 和 elif 语句中的所有条件。

案例 2-1 中的代码就使用了选择结构:

```
#温度转换.py
t = input('请输入带符号的温度值:')#用键盘输入温度值
if t[-1] in ['F','f']:
    c = ((eval(t[:-1]) - 32) / 1.8)
    print('转换后的温度是{:.2f}C'.format(c))
elif t[-1] in ['C', 'c']:
    f = eval(t[:-1]) * 1.8 + 32
    print('转换后的温度是{:.2f}F'.format(f))
else:
    print('输入格式错误')
```

在这段代码中,当输入的内容以 F 或 f 结尾时,则会执行语句“c = ((eval(t[:-1])-32) / 1.8)”所在的语句块,而与之相对的 elif 和 else 及它们包含的语句块均不会被执行。同样的,当输入的内容以 C 或 c 结尾时,则会执行“f = eval(t[:-1]) * 1.8+32”所在的语句块,而与之相对的 if 和 else 及它们包含的语句块均不会被执行。当结尾字符既不是 F 或 f,也不是 C 或 c 时,else 中包含的语句“print('输入格式错误')”会被执行,而 if 和 elif 对应的语句块则不会被执行。

3. 循环结构

循环结构也是控制程序运行的一类重要结构,与分支结构控制程序的执行相似,它的作用是根据判断条件决定是否将一段程序代码重复执行一次或多次。它的基本结构有两种,一种是 while 结构,另一种是 for-in 结构。

（1）while 结构

while 结构的基本格式:

```
while <条件>:
    <语句块 1>
<语句块 2>
```

当条件表达式结果为真时,执行语句块 1。每次执行完语句块 1 后,回到条件判断的语句再次进行判断,如果仍为真,则继续执行语句块 1,直到条件表达式结果为 False,则结束循环,执行语句块 2。

例如,重复画 10 个圆,如图 2-2 所示。

图 2-2　多圆成花

23

实现代码如下：

```
import turtle
turtle.color('red')
turtle.pensize(5)
n = 0
while n < 10：
    turtle.circle(80)
    turtle.left(36)
    n += 1
turtle.done()
```

n 的初始值是 0，循环的判断条件是 n<10，只要 n 的值小于 10，则会不停地执行画圆和转向的语句，每画 个圆，n 的值就增加 1，然后再次进行判断。 直到 n 的值等于 10，则结束循环，执行"turtle.done()"语句。

while 循环还有一种特殊的无限循环，在循环体中设置某个条件，当条件被触发时强制退出。例如，绘制五角星（图 2-3），并用红色填充。代码如下：

```
import turtle
turtle.color('red','red')
angle = 0
turtle.begin_fill()
while True：            # 无限循环
    turtle.fd(200)
    angle += 144
    turtle.right(144)
    if angle % 720 == 0：    # 设置条件，当条件满足时用 break 强制终止循环
        break
turtle.hideturtle()
turtle.end_fill()
turtle.done()
```

运行结果如图 2-3 所示。

图 2-3　五角星

（2）for-in 结构

for-in 结构的基本格式是：

```
for 变量 in 范围：
    <语句块 1>
<语句块 2>
```

当变量的值在指定范围内时，就执行语句块 1，每执行一次，变量的值就按指定方式发生改变。当变量的值变化到不在指定范围内时，则结束循环，执行语句块 2。例如，使用循环来实现图 2-4 的绘制。

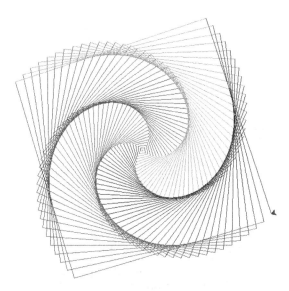

图 2-4　螺旋体

```python
import turtle
turtle.speed(0)
colors = ['red','green','orange','blue']
for i in range(200)：
    turtle.color(colors[i % 4])
    turtle.fd(2 * i)
    turtle.right(89)

turtle.done()
```

"for i in range(200)"指的是变量 i 从 0 开始计数，一直到 199 为止，每次循环加 1，即循环体运行 200 次。循环体中 3 个语句的功能分别是选择颜色，画一条长度为 2 * i 的线条，再右转 89°。重复执行 200 次后结束循环。

课 后 习 题

1. 改写温度的转换程序，将以 F 或 C 结尾的温度值改为以 F 或 C 开头的温度值并输入。

根据输入的温度进行转换。转换公式：C＝(F－32)/1.8，F＝C＊1.8＋32。

2. 仿照温度的转换，编写程序实现人民币与美元的双向兑换。按照 1 美元＝6.5 元的汇率。其中人民币的数据以 RMB 开头，美元以 USD 开头。

3. 用 turtle 绘制同切圆，效果如图 2-5 所示。

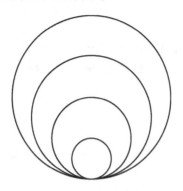

图 2-5　同切圆

4. 用 turtle 绘制正方形螺旋线，效果如图 2-6 所示。

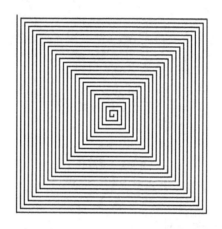

图 2-6　正螺旋体

5. 仿照五角星的画法，用 turtle 绘制太阳花，每一次转动 170°，效果如图 2-7 所示。

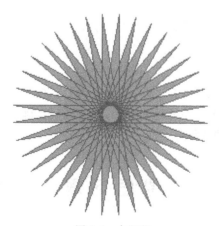

图 2-7　太阳花

第 3 章 Python 数据类型

问题导向

- Python 语言中数据的表现形式有哪几种？
- 每种数据类型都有什么特征？
- 数据的运算符号有哪些,如何构成表达式？
- 复杂的数据计算用什么来实现？
- 各种数据类型如何实现相互转换？
- 字符型数据有哪些函数和方法？

重点与难点

- 数据类型的使用。
- 运算符的灵活应用。
- 字符串切片与字符串函数。

知识导图

Python 之旅——旅行成员

Python 之旅的每个站点都是谁在忙碌奔走呢？在这一站,我们来认识一下各位旅行成员数据。没错,就是各种数据在旅途相互交流传递信息成就了每一站的风光。下面就从"三天打鱼,两天晒网"的故事中来认识下 Python 的数据成员。

【案例 3-1】 三天打鱼,两天晒网。

"三天打鱼,两天晒网"出于曹雪芹《红楼梦》中第九回:"因此也假说来上学,不过三日打鱼,两日晒网,白送些束修礼物与贾代儒。"现在常用来比喻一个人对学习或工作没有恒心,经常中断,不能长久坚持。下面使用 Python 来模拟实现。假设最初的能力值为 1.0,学习一天,能力值会比前一天提高 1%,懒散一天,能力值会比前一天下降 1%。由此可以得知在"三天打鱼,两天晒网"情况中的能力计算公式为 $(1+0.01)^3 * (1-0.01)^2$。用 Python 来实现:

```
fish = (1 + 0.01) ** 3
net = (1 - 0.01) ** 2
result = fish * net
print(result)
print(result > (1 + 0.01))
```

程序执行结果:

```
1.0097980101000001
False
```

从"三天打鱼,两天晒网"的结果 1.009 798 010 100 000 1 < 1+0.01 中可以看出,如果一个人不能持之以恒地学习,最终将一无所获。

希望大家每天都不要停止学习的脚步,日积月累,坚持不懈,终有一天会得到回报。

3.1 数 字 类 型

从案例 3-1 中可以看到程序中有许多数字,在 Python 中,我们将表示数字或数值的数据类型称为数字类型。而案例 3-1 中的数字有整数,也有小数,在 Python 中分别对应数字类型的整型(int)和浮点型(float)。

我们都知道在数学中除整数、小数之外,还有复数。故 Python 中还有一个数字类型,为复数型(complex)。

除此之外,还有一个比较特殊的整型,即布尔型(bool),值为 1 时表示真(True),值为 0 时表示假(False)。

3.1.1 整型

案例 3-1 中出现的 1,2,3 这样的数据称为整型,与数学中整数的概念一致。Python 3.×中整型数据的长度不受机器字长的影响,它的取值范围只与计算机的内存有关。也就是说,只要计算机的内存足够大,无论整型的长度为多少,都不用担心溢出问题。

在计算机中,经常用 4 种进制来表示整型:二进制、八进制、十进制、十六进制。默认的是十进制,如果想要用其他进制表示,需要加上引导符号。

- 二进制：以 0B 或 0b 开头。
- 八进制：以 0O 或 0o 开头。
- 十六进制：以 0X 或 0x 开头。

```
a = 0b101
print('a 的十进制表示：% d'% a)
b = 0o101
print('a 的十进制表示：% d'% b)
c = 0x101
print('a 的十进制表示：% d'% c)
d = 101
print('d 的十进制表示：% d'% d)
```

输出结果为：

```
a 的十进制表示：5
b 的十进制表示：65
c 的十进制表示：257
d 的十进制表示：101
```

不同的进制之间还可以相互转换。
- dec(x)：将数值 x 转换为十进制。
- bin(x)：将数值 x 转换为二进制。
- oct(x)：将数值 x 转换为八进制。
- hex(x)：将数值 x 转换为十六进制。
- int(x)：将字符串 x 转换为整数。

```
a = 10
print('a 的二进制为：', bin(a))
print('a 的八进制为：', oct(a))
print('a 的十六进制为：', hex(a))
print('二进制 101 的整数值为：', int('101',2))
```

运行结果为：

```
a 的二进制为：0b1010
a 的八进制为：0o12
a 的十六进制为：0xa
八进制 101 的整数值为：5
```

3.1.2　浮点型

像案例 3-1 中出现的 0.01 这样带小数的数据称为浮点型。Python 的浮点型数据一般以十进制表示，由整数和小数两部分组成，如 0.0，2.34，0.000 000 51，3.141 59 都是浮点型数据。

对于非常大或者非常小的浮点型数据可以用科学记数法表示。例如,0.000 000 51 可以表示成 5.1e−7,314 000 可以表示成 3.14E5。

Python 中的浮点型数据是双精度的,每个浮点型数据都占 8 字节(64 位),52 位存储尾数,11 位存储阶码,1 位存储符号,故浮点型数据的取值范围为−1.8e308～1.8e308。超出这个范围将视为无穷大(inf)或者无穷小(−inf)

Python 中最长可以输出浮点型数据的 17 位数字,但是计算机只能保证 15 位数字的精度,对于超出 15 位的浮点型数据会产生截断。一旦产生截断,结果就会产生误差。如平时我们都会认为 0.1+0.2 的结果是 0.3,但是实际执行的结果却是 0.300 000 000 000 000 04。

```
>>> 0.1 + 0.2
0.30000000000000004
>>> 3 * 0.1
0.30000000000000004
```

3.1.3 复数型

2+3j,5.6+7.8j 这样格式的数据称为复数型。一个复数由实部和虚部两部分组成,实部是一个实数,虚部由一个实数后加 j 或 J 组成,虚部不能单独存在。

获取一个复数实部的方法是调用属性 real,获取虚部的方法是调用属性 imag。

将一个数据转换为复数的函数是 complex()。

```
a = complex(2,4)
b = 6
print(a)
print('a 的实部是:', a.real, 'a 的虚部是:', a.imag)
print(complex(b))
```

运行结果是:

```
(2 + 4j)
a 的实部是:2.0 a 的虚部是:4.0
(6 + 0j)
```

3.1.4 布尔型

布尔型只有 True 和 False 两个值,本质上来说,布尔型其实是一种特殊的整型,True 对应 1,False 对应 0。

任何对象都具有布尔属性,在 Python 中,以下数据的值均为 False。

① None。

② False。

③ 任何为 0 的数字类型:0,0.0,0j。

④ 任何空字符、空列、空字典:"",(),[],{}。

⑤ 用户定义的类实例,如果类中定义了 __bool__() 或者 __len__() 方法,并且方法返回

0,或者布尔值 False。

以下结果均为 False：

```
bool()
bool('')
bool(0)
bool([])
```

3.2　运　算　符

在案例 3-1 中出现了几种运算符：＋、－、*、＊＊、＞。通过这些运算符可以将两个不同的数据组合起来得到一个运算结果。由此可见，运算符是告诉编译程序执行指定运算操作的符号，针对操作数进行运算。如在表达式 1＋0.01 中，1 和 0.01 均为操作数，＋是运算符。Python 中运算符非常丰富，功能也很强大。

3.2.1　数值运算符

数值运算符是一类对数值型操作数有效的运算符。按照不同的功能，其又可以分成算术运算符、赋值运算符、比较运算符、逻辑运算符、成员运算符等。

1. 算术运算符

（1）一元操作符

以 x＝2,y＝9 为例，对以下算术运算符进行说明。一元操作符如表 3-1 所示。

表 3-1　一元操作符

操作符	描　　述	示　　例
＋	加，x＋y 为 x 与 y 之和	x＋y 的结果为 11
－	减，x－y 为 x 与 y 之差	x－y 的结果为－7
*	乘，x＊y 为 x 与 y 之积	x＊y 的结果为 18
/	除，x/y 为 x 除以 y 之商，结果为浮点数	x/y 的结果为 0.222 222 222 222 222 2
//	整数除，x//y 为 x 除以 y 之商的整数部分	x//y 的结果为 0
%	取余运算，x%y 为 x 除以 y 的余数部分	x%y 的结果为 2
＊＊	幂，x＊＊y 为 x 的 y 次方	x＊＊y 的结果为 512
	开方运算，当 y 是小数时，如 10＊＊0.5 结果是 $\sqrt{10}$	

（2）二元操作符

二元操作符如表 3-2 所示。

表 3-2 二元操作符

操作符	描 述	操作符	描 述
x += y	相当于 x = x + y，x 的结果为 11	x *= y	相当于 x = x * y，x 的结果为 18
x -= y	相当于 x = x - y，x 的结果为 -7	x /= y	相当于 x = x / y，x 的结果为 0.22
x //= y	相当于 x = x // y，x 的结果为 0	x %= y	相当于 x = x % y，x 的结果为 2
x **= y	相当于 x = x ** y，x 的结果为 512		

Python 中的算术运算符既支持对相同类型的数值进行运算，也支持对不同类型的数值进行混合运算。在混合运算时，Python 会强制将数值进行临时类型转换。遵循的原则是将简单的数据类型转换为相对复杂的那一种数据类型。

布尔类型进行算术运算时，会将值视为 0 或 1。

整型与浮点型进行混合运算时，会将整型转换为浮点型。

其他类型与复数型运算时，会将其他类型转换为复数型。

```
1 + True        # 结果为 2
1 * 2.0         # 结果为 2.0
1 + (2 + 3j)    # 结果为 (3 + 3j)
```

【案例 3-2】 时间转换。

给定一个以秒为单位的时间 t，要求用"<H>:<M>:<S>"的格式来表示这个时间。<H> 表示小时，<M> 表示分钟，而<S> 表示秒，它们都是整数且没有前导的"0"。例如，若 t=0，则应输出"0:0:0"；若 t=366 1，则应输出"1:1:1"。

案例分析：

输入的数字为一个总秒数，需要将总秒数拆成几小时几分钟几秒，可根据 1 小时=60 分钟，1 分钟=60 秒的规则进行拆分。

- 输入：只有一行，是一个整数 t(0<=t<=86399)，如 5 436。
- 输出：只有一行，是以"<H>:<M>:<S>"的格式所表示的时间，不包括引号，如 1:30:36。
- 解题思路：给定的数字 t 是一个总秒数，所以应该是 t=s+m*60+h*60*60。反推过来则是：小时 h=t//3600，余数是剩下的 s+m*60，用余数继续整除 60 得到分钟，m=余数//60，余数则为秒 s。

可以按照这个顺序进行时间转换：整除→取余→整除→取余。

代码实现：

```
t = eval(input())
H = t // 3600
t = t % 3600
M = t // 60
S = t % 60
print("{}:{}:{}".format(H,M,S))
```

2. 赋值运算符

"="为赋值运算符。案例 3-1 中出现的"fish = (1 + 0.01) ** 3"就是一个赋值语句，其作用是将一个表达式或对象赋给等号左边的变量。所有的运算符都可以与"="组合起来形成一个赋值语句,包括在二元操作中,如"+="。

3. 比较运算符

比较运算符的作用是比较符号左右两边的操作数,运算结果是一个布尔值。常用的比较运算符如表 3-3 所示。表 3-3 以 x=2,y=9 为例,对比较运算符进行说明。

表 3-3 比较运算符

操作符	描 述	示 例
x == y	判断 x 与 y 是否相等	x== y 的值为 False
x != y	判断 x 是否不等于 y	x!= y 的值为 True
x > y	判断 x 是否大于 y	x > y 的值为 False
x < y	判断 x 是否小于 y	x < y 的结果为 True
x >= y	判断 x 是否大于等于 y	x >= y 的结果为 False
x <= y	判断 x 是否小于等于 y	x <= y 的结果为 True

【案例 3-3】 猜数游戏。

程序中给出一个固定的数,用户通过键盘输入一个数,如果这个数与程序给出的数相同,则输出"恭喜你猜对了!";如果比程序给出的数大,则输出"太大了!";如果比程序给出的数小,则输出"太小了!"。

案例分析:

- 输入:用户猜的数。
- 处理:将用户猜的数与程序给出的数进行大小比较,可使用多分支结构来进行判断。
- 输出:根据比较结果的不同,输出不同的结果。

```python
y = 50
x = eval(input('请输入你猜的数字:'))
if x == y:
    print('恭喜你猜对了!')
elif x > y:
    print('太大了!')
else:
    print('太小了!')
```

运行结果:

```
请输入你猜的数字:40
太小了!
```

4. 逻辑运算符

逻辑运算符可以把多个条件表达式连接起来,形成更为复杂的条件,如表 3-4 所示。

表 3-4　逻辑运算符

操作符	描　　述
and	与,左操作数为 False 时返回左操作数,否则返回右操作数或计算结果
or	或,左操作数为 True 时返回左操作数,否则返回右操作数或计算结果
not	非,若操作数为 False,则返回 True,否则返回 False

```
>>> 2 + 3  and 3 + 5     # 左为 True,返回右操作数 3 + 5 的值
8
>>> 2 - 2 and 3 + 5      # 左为 False,返回左操作数 2 - 2 的值
0
>>> 2 + 3 or 3 + 5       # 左为 True,返回左操作数 2 + 3 的值
5
>>> 2 - 2 or 3 + 5       # 左为 False,返回右操作数 3 + 5 的值
8
>>> not (3 + 5)
False
>>> not False
True
```

【案例 3-4】　剪刀石头布游戏。

小明和小红想玩剪刀石头布游戏。在这个游戏中,两个人同时说"剪刀""石头"或"布",压过另一方的为胜者。规则是:"布"胜过"石头","石头"胜过"剪刀","剪刀"胜过"布"。

案例分析:

通过输入两人的选择,程序自己判断输赢,并输出相应的结果。

- 输入:两个数分别代表小明和小红的选择,范围为{0,1,2},用逗号隔开。"0"表示石头,"1"表示布,"2"表示剪刀。这两个数分别表示两个人所选的物品,如 0,2,则表示小明出石头,小红出剪刀。
- 输出:如果前者赢,输出"小明胜";如果后者赢,输出"小红胜";如果是平局,输出"平局"。

代码实现:

```
a, b = eval(input())
if (a == 0 and b == 1 )or (a == 1 and b == 2 ) or (a == 2 and b == 0 ) :
    print('小红胜')
if (a == 1 and b == 0 )or (a == 2 and b == 1 ) or (a == 0 and b == 2 ) :
    print('小明胜')
if a == b:
    print('平局')
```

【案例 3-5】　闰年的判断。

从生活常识中我们了解到,如果一个年份数字能被 4 整除但是不能被 100 整除,或者这个年份的数字能被 400 整除,那么这一年是闰年,否则是平年。编写程序实现输入一个年份,判断它是否是闰年

案例分析:

- 输入:需要判断的年份。

- 处理:第一种情况是能被 4 整除但是不能被 100 整除,这两个条件需要同时成立,可以用逻辑运算符 and 将两个条件表达式连接;第二种情况是能被 400 整除。这两种情况只要满足其中的一个,指定年份就是闰年,两种情况可以用逻辑运算符 or 来连接。
- 输出:输出当前的判断结果。

代码实现:

```
year = int(input('请输入年份:'))
if (year % 4 == 0 and year % 100 ! = 0) or year % 400 == 0:
    print('{}年是闰年'.format(year))
else:
    print('{}年不是闰年'.format(year))
```

运行结果:

```
请输入年份:2020
2020 年是闰年
```

再次运行,输入年份 2200,运行结果如下:

```
请输入年份:2200
2200 年不是闰年
```

5. 成员运算符

成员运算符用于判断左操作数是否存在于右侧的序列中。序列可以是字符串、列表、字典等。成员运算符如表 3-5 所示。

表 3-5　成员运算符

操作符	描　述
in	左操作数是否在右操作数中,'a' in 'abcd',返回值为 True
not in	左操作数是否不在右操作数中,'a' not in 'abcd',返回值为 False

【案例 3-6】 "三天打鱼,两天晒网"周末版。

一年 365 天,一周 5 个工作日,每天都努力打鱼,进步 1%。

一年 365 天,一周 2 个休息日,每天都休息晒网,退步 1%。

初始力量为 1,按这种生活方式,一年后的力量如何呢?

案例分析:

如何确定一周中的 5 个工作日,2 个休息日?

一周 7 天可以用天数对 7 取余,结果为 0～6,设其中 0 和 6 相当于周六、周日,即休息日,转换为表达式则是,取余运算结果在[0,6]这些值中的天数就是休息日。

```
power = 1   # 初始力量
for i in range(365):
    if i % 7 in [0,6]:    # 取余结果为 0 或 6
        power = power * (1 - 0.01)
    else:
        power = power * (1 + 0.01)
print('一年后的力量为:{:.2f}'.format(power))
```

运行结果：

一年后的力量为：4.63

3.2.2 运算符优先级

对于表达式(2+3)*4−5*2,运算的顺序是什么样的呢？小学数学告诉我们应该先算括号内的,再算括号外的,先算乘除,再算加减。这种优先顺序就是运算符的优先级,乘、除的优先级高于加减,括号的优先级高于乘除。

常见运算符优先级由高到低的顺序如下:乘方(**),按位取反(~),正负号(+x、−x),乘、除、求余(*、/、%),加、减(+、−),比较(<、<=、>、>=、!=、==),成员判断(not in、in),逻辑运算(not、and、or)。

一般来说,同一优先级的运算符在运算时是按照从左往右的顺序结合的,如 2+3−4 的运算顺序是:解释器先运算 2+3,得到结果 5,再与运算符结合执行 5−4。

而赋值运算符的结合则相反,按照从右往左的顺序,如 x=y=z,会先将 z 的值赋给 y,再将 y 的值赋给 x。

3.2.3 常用数值型函数

常用数值型函数如表 3-6 所示。

表 3-6 常用数值型函数

函数名	描 述
abs(x)	绝对值函数,x 的绝对值
divmod(x,y)	商余,(x//y, x%y),同时输出商和余数
pow(x, y[, z])	幂余,(x**y)%z,[..]表示参数 z 可省略
round(x[, d])	四舍五入,d 是保留小数位数,默认值为 0
max(x1,x2,…,xn)	最大值,返回 x1,x2, … ,xn 中的最大值,n 不限
min(x1,x2,…,xn)	最小值,返回 x1,x2, … ,xn 中的最小值,n 不限
int(x)	将 x 变成整数,舍弃小数部分
float(x)	将 x 变成浮点数,增加小数部分
complex(x)	将 x 变成复数,增加虚数部分

代码测试结果：

```
>>> abs(−10.01)
  10.01
>>> divmod(10,3)
  (3, 1)
>>> pow(3, pow(3, 99), 10000)
  4587
>>> round(−10.123, 2)
  −10.12
```

```
>>> max(1, 9, 5, 4, 3)
  9
>>> min(1, 9, 5, 4, 3)
  1
>>> int(123 - 45)
123
>>> int("123")
123
>>> float(12)
12.0
>>> float("1.23")
1.23
>>> complex(4)
  (4 + 0j)
```

3.2.4 math 库

对数字类型的数据不仅可以作简单的基本运算,还可以进行更加复杂的数学运算,如求对数、三角函数、高斯误差等。在 Python 中要实现这些运算需要用到数学模块——math 库。math 库是一个比较成熟的库,不属于 Python,但是可以通过 import 方法将 math 库导进来。

导入第三方库的方法如下。

方法一:import math。这是直接导入法,使用库的函数时需要加上前缀,如 math. sqrt(x),对 x 求平方根。

方法二:import math as m。命别名导入法,为导入进来的 math 库赋予新的名字 m,使用库中 sqrt()函数时可用 m. sqrt(x)。

方法三:from math import * 。从库中导入指定方法,使用库中函数时,可直接调用,不需要加别名,如 sqrt(x)。

使用 math 库会使计算效率更高,math 库中提供了许多的数学函数,包含 4 个数学常数(圆周率 pi、自然对数 e、正无穷大 inf、非浮点数标记 nan)和 44 个函数。44 个函数又分为 4 类,分别为 16 个数值表示函数、8 个幂对数函数、16 个三角对数函数、4 个高等特殊函数。math 库中常见的函数如表 3-7 所示。

表 3-7 math 库中常见的函数

函　数	数学表示	描　述
sqrt(x)	$\sqrt{x}$	x 的平方根
sin(x)	$\sin x$	x 的正弦
cos(x)	$\cos x$	x 的余弦
tan(x)	$\tan x$	x 的正切
asin(x)	$\arcsin x$	x 的反正弦
acos(x)	$\arccos x$	x 的反余弦

函　数	数学表示	描　　述
atan(x)	arctan x	x 的反正切
log(x)	ln x	x 的自然对数,以 e 为底
log10(x)	lg x	x 的常用对数,以 10 为底
exp(x)	e^x	e 的 x 次方
fabs(x)	$|x|$	x 的绝对值
floor(x)	$\lfloor x \rfloor$	向下取整
ceil(x)	$\lceil x \rceil$	向上取整
pow(x,y)	x^y	x 的 y 次幂
gcd(x,y)		x 和 y 的最大公约数

【案例 3-7】 求两点之间的距离。

已知平面上两点 A 和 B 的坐标,$A(x=22，y=33)$,$B(x=62，y=105)$,编写程序求出 A 和 B 两点的距离。

案例分析:

应用数学的知识可以知道,两点间的距离公式为 $\sqrt[2]{(x_2-x_1)^2+(y_2-y_1)^2}$,编写程序可以先分别给 x1、x2、y1、y2 赋值,用数学函数 pow() 求平方,再用函数 sqrt() 求平方根,则可得到两点间的距离。由于用到了数学函数,所以在程序的开头部分需要导入 math 库。

实现代码如下:

```
import math
x1 ,y1 = 22,33
x2 ,y2 = 62,105
distx = math.pow((x2 - x1),2)
disty = math.pow((y2 - y1),2)
dist = math.sqrt(distx + disty)
print('A 和 B 的距离是:%.2f'% dist)
```

运行结果:

```
A 和 B 的距离是:82.37
```

3.3　字　符　串

Python 中的字符串是由一对单引号(' ')、一对双引号(" ")或一对三引号("'' ''")括起来的字符序列。

- 单引号:单引号括起来的单行,可以使用双引号("")作为字符串的一部分。
- 双引号:双引号括起来的单行,可以用单引号('')作为字符串的一部分。
- 三引号:三引号括起来的多行,可以用单引号('')、双引号("")作为字符串的一部分,也可以换行。

如果非要在单引号(或双引号)括起来的字符串中包含单引号(双引号),可使用转义字符反斜杠(\)对字符串中的单引号(双引号)进行转义处理,使得转义字符与特殊字符组成新的含义。

```
# 合法的字符串
'hello "python"'
"Life isshort ,I'm learning Python"
"Hello \"Python\""

# 非法的字符串
"'Hello "Python""
'Life is short, I'm learning Python'
```

在定义字符串时需要遵守以下几条规则。

① 字符串可以使用单引号或双引号来定义,但是最好在一个文件中统一使用同一种,避免混合使用的情况。

② 在字符串包含某种引号时,那么优先使用另一种形式的引号来定义字符串,尽量不使用转义字符。

3.3.1 字符串的基本操作

1. 基本操作符

Python 提供了众多字符串的基本操作符,如表 3-8 所示。

表 3-8 字符串的基本操作符

操作符	描　　述
x+y	将两个字符串 x 和 y 拼接成一个字符串
x * n 或 n * x	将字符串 x 复制 n 次
x in y	如果 x 是 y 的子串,返回 True,否则返回 False
>、>=、<、<=、!=、==	两个字符串按 ASCII 码值比较大小

字符串操作符示例:

```
>>>'abc' + '123'
'abc123'
>>>'a' * 5
'aaaaa'
>>>'a' in '123abc'
True
>>>'a' > 'b'
False
>>>'bc' > 'bac'
True
```

2. 字符索引

字符串中的多个字符都会按顺序有一个编号,这个编号就是索引。如 s = 'Python',字母 'P' 的编号为 0,具体索引如表 3-9 所示。

表 3-9　字符串索引号

字　符	P	y	t	h	o	n
编　号	0	1	2	3	4	5
反向编号	−6	−5	−4	−3	−2	−1

对于 Python 中的字符串,我们可以通过索引取出其中的一个字符或一段字符子串,但是其不支持动态修改。如从 s[1] 中可取出字符 'y',但是想通过 s[1] = 'a' 将'y'修改成'a',则是非法操作。

在字符串中通过索引取出一个或一段字符子串的操作非常灵活,我们把取其中一段的操作称为切片。切片的操作非常多样,具体如下。

- s[n:m]:表示从字符串 s 中取索引号从 n 到 m−1 的字符子串,其中不包含索引号为 m 的字符。
- s[n:]:省略结束索引号,表示切取从索引号为 n 的字符到最后一个字符的子串。
- s[:m]:省略开始索引号,表示切取索引号从 0 到索引号为 m−1 的子串。
- s[−n:−m]:表示从字符串 s 中切取索引号从倒数 n 到倒数 m−1 的字符子串。
- s[::]:省略开始和结束索引号,表示切取整个字符串。
- s[::−1]:获得整个字符串的逆序。

```
>>> s ='HelloWorld'
>>> s[0]
'H'
>>> s[-1]
'd'
>>> s[2:6]
'lloW'
>>> s[:5]
'Hello'
>>> s[5:]
'World'
>>> s[-5:-2]
'Wor'
>>> s[-5:]
'World'
>>> s[::]
'HelloWorld'
>>> s[::-1]
'dlroWolleH'
```

3.3.2　字符串的处理函数

Python 提供了许多的内置函数,其中有 6 个与字符串处理相关的函数。字符串函数如表 3-10 所示。

表 3-10　字符串函数

函数名	描　　述
len(x)	返回字符串 x 的长度,整数
str(x)	返回任意数据类型 x 所对应的字符串形式
chr(x)	返回 Unicode 编码 x 对应的单字符
ord(x)	返回单字符 x 对应的 Unicode 编码
hex(x)	返回整数 x 对应的十六进制数小写形式的字符串
oct(x)	返回整数 x 对应的八进制数小写形式的字符串

示例代码:

```
>>> s ='HelloWorld'
>>> len(s)
10
>>> str(3 - 5)
'3 - 5'
>>> chr(65)
'A'
>>> chr(9801)
'♉'
>>> ord('A')
65
>>> hex(18)
'0x12'
>>> oct(18)
'0o22'
```

【案例 3-8】　恺撒密码。

恺撒密码是古罗马恺撒大帝用来对军事情报进行加密的算法,它采用替换方法对每一个英文字符循环替换为字母表序中该字符后面第三个字符,对应关系如下:

原文:a b c d e f g h i j k l m n o p q r s t u v w x y z

密文:d e f g h i j k l m n o p q r s t u v w x y z a b c

假设原文字符为 P,对应密文为 S,则两者的关系为:

- S＝(P＋3)％ 26;
- P＝(S－3)％ 26。

加密的程序设计过程如下。

① 输入一串原文字符串(假设信息全是小写字母 a～z)。

② 将字符串中的每一个字符都拿出来进行转换,规则为 S=(P+3)％26。由于字符没有办法直接与数字进行加法运算,所以需要先将字符转换为相应的 Unicode 编码,再进行加法运算,算完之后得到的 Unicode 编码又需要转为相应的字符。模 26 是因为字母表总共为 26 个字母,起始字母为'a',所以对当前字母与字母'a'的差再加上 3 进行取模运算,得到的结果再加上'a'的编码值,才是加密后的字母编码值。

③ 将加密后得到的新字符串进行输出。

代码实现:

```
F = input('请输入需要加密的信息:')
for P in F:
    if 'a' <= P <= 'z':
        S = chr((ord(P) - ord('a') + 3) % 26 + ord('a'))
    else:
        S = P
print(S, end = '')
```

运行结果:

```
请输入需要加密的信息:Life is short, I use Python!
Llih lv vkruw, I xvh Pbwkrq!
```

3.3.3 字符串的处理方法

在 Python 的解释器内部,所有数据类型都采用面向对象的方式实现,封装成一个对类。字符串就是其中的一个类。每一个类里面都有许多自己的方法和属性,想要使用类的方法和属性,需要用<a>.<b>()的方式来进行调用,其中:a 指明相应类创建的对象,比如我们创建的一个字符串变量 s = "Python",变量 s 就是一个字符串类的实例化对象;b()指的是这个类中相应的方法。类里的方法其实就是根据特定功能创建的函数,对外调用时我们一般称为方法。字符串方法如表 3-11 所示。

表 3-11 字符串方法

函数名	描　述
str. lower()	返回字符串 str 的副本,全部小写。原字符串不变
str. upper()	返回字符串 str 的副本,全部大写。原字符串不变
str. islower()	当 str 全是小写时,返回 True,否则返回 False
str. isprintable()	当 str 所有字符都可打印时,返回 True,否则返回 False
str. isnumeric()	当 str 所有字符都是数字时,返回 True,否则返回 False
str. isspace()	当 str 所有字符都是空格时,返回 True,否则返回 False
str. ednswith(suf,start[,end]])	str[start:end]以 suf 结尾,返回 True,否则返回 False
str. startswith(suf,start[,end]])	str[start:end]以 suf 开始,返回 True,否则返回 False
str. split(sep,maxsplit=-1)	返回一个列表,由 str 根据 sep 进行分隔得到的元素组成
str. count(sub[,start[,end]])	返回 srt[start:end]中子串 sub 出现的次数

续 表

函数名	描　述
str. replace(old,new[,count])	返回 str 的副本,所有 old 子串被 new 替换(前 count 个被替换)
str. center(width[,fillchar])	字符串 str 居中,有 fill 则在 str 左右填充
str. strip([chars])	返回 str 的副本,去掉左右两侧 chars 列出的字符
str. zfill(width)	返回 str 的副本,长度为 width,不足部分填 0
str. format()	返回字符串的格式化排版,常用于 print()格式的输出
str. join(iterable)	返回新串,将 str 加到 iterable 的每个字符中间

示例代码:

```
>>> s = 'Python'
>>> s.lower()
'python'
>>> s.upper()
'PYTHON'
>>> a = '1234567'
>>> a.isnumeric()
True
>>> b = 'a,b,a,c'
>>> b.split(',')
['a', 'b', 'a', 'c']
>>>> b.count('a')
2
>>> b.replace('a','abc')
'abc,b,abc,d'
>>> 'Pyhton'.center(20,'=')
'=======Python======='
>>>' Pyhton '.strip()
'Pyhton'
>>>'*'.join('Pyhton'.)
'P*y*t*h*o*n'
```

【案例 3-9】　利用 center()方法输出如图 3-1 所示的菱形,宽度为 9,行数为 9。

```
        *
       ***
      *****
     *******
    *********
     *******
      *****
       ***
        *
```

图 3-1　菱形输出

案例分析:

① 先输出正三角,为 5 行,可用循环实现。假定行数为 i,初始值为 0,则每一行"*"的个数为 2 * i+1,让"*"居中打印。

② 再输出倒三角,为 4 行。假定行数为 j,初始值为 4,则每一行"*"的个数为 2 * j−1,同样用 center()方法实现居中打印。

代码实现:

```
for i in range(5):
    print(('*' * (2 * i + 1)).center(9))
for j in range(4,0,-1):
    print(('*' * (2 * j - 1)).center(9))
```

3.3.4 字符串的格式化方法

字符串可以通过 format()方法进行格式化处理。

比如,小明同学想用一个程序输出他每一天的运动量——2019-12-12:跑步1 小时,行程9.85 千米。下划线中的内容每天都会发生改变,我们可以用特定的函数通过运算得到结果,填充到指定的位置,最终形成格式化的字符串。

Python 提供了两种字符串格式化方法,一种是类 C 语言中 printf()函数的格式化方法,另一种是专门的 format()格式化方法。

1. 使用%进行格式化

使用%对字符串进行格式化的形式:

```
'%[对齐][正号][0][宽度][.精度]指定类型'% 变量
```

基本思想是:第一个%为格式开始标志,单引号外面的%后面跟待格式化的变量。

- [对齐]:−表示左对齐,+表示右对齐。
- [正号]:+,对正数加上正号,仅对数值有效。
- [0]:当指定宽度超出数值的宽度时,用 0 对多余位置进行填充,对数值有效,对字符无效。
- [宽度]:指出当前字符串输出的宽度,如果对应字符串长度超过<宽度>值,则使用字符串的实际长度。
- [.精度]:浮点数小数部分的精度或字符串的最大输出长度,即保留几位小数,字符串输出长度。
- 指定类型:如表 3-12 所示。

表 3-12 字符格式化

类 型	说 明	类 型	说 明
%s	字符串〔采用 str()的显示〕	%x	十六进制整数
%r	字符串〔采用 repr()的显示〕	%e	指数(基底为 e)
%c	单个字符(Unicode 编码对应字符)	%E	指数(基底为 E)

类 型	说 明	类 型	说 明
%b	二进制整数	%f、%F	浮点数
%d	十进制整数	%g	指数(e)或浮点数(由长度决定)
%i	十进制整数	%G	指数(E)或浮点数(由长度决定)
%o	八进制整数	%%	百分数

采用这种方式进行字符串格式化时,要求被格式化的内容和格式字符之间必须一一对应。

```
a = 'Python'
b = 3 - 1415926
print('% + 20s 右对齐'% a)          # 指定宽度 20,右对齐输出字符串
print('% - 20.4s 左对齐'% a)        # 指定宽度 20,精度为 4,左对齐输出字符串
print('% + 020.2f'% b)             # 加上正号,宽度为 20,0 填充,输出精度为 2 的浮点数
print('65 的 Unicode 编码:% c' % 65)
```

输出结果:

```
               Python 右对齐
Pyth                   左对齐
+ 0000000000000003 - 14
65 的 Unicode 编码:A
```

2. 使用 format()方法进行格式化

format()方法的基本使用:

```
<模板字符串>.format(逗号分隔的参数)
```

模板字符串由一系列槽组成,用来控制修改字符串中嵌入值出现的位置,其基本思想是将format()方法中逗号分隔的参数按照逗号关系替换到模板字符串的槽中。槽用大括号({})表示,如果大括号中没有序号,则按照出现的顺序替换。

参数的序号是从 0 开始编号的,调用 format()方法后会得到一个新的字符串。上面的输出可以由以下语句实现:

```
'{}:跑步{}小时,行程{}千米'.format('2019-12-12','1','9.85')
'{0}:跑步{1}小时,行程{2}千米'.format('2019-12-12','1','9.85')
```

用变量来存储具体数值,上述代码可变成:

```
day = '2019-12-12'
hours = 1
dis = 9.85
print('{}:跑步{}小时,行程{}千米'.format(day, hours, dis))
print('{0}:跑步{1}小时,行程{2}千米'.format(day, hours, dis))
```

format()方法中的槽除了包括参数序号外,还可以包含格式控制的信息,具体格式信息如下:

{<序号>:<格式控制标记>}

格式控制标记如表 3-13 所示。

表 3-13　格式控制标记

:	<填充>	<对齐>	<宽度>	<,>	.<精度>	<类型>
序号	用于填充的单个字符个数	<左对齐 >右对齐 ^居中对齐	槽的设定输出宽度	数字的千分位分隔符,适用于整数和浮点数	浮点数小数部分的精度或字符串的最大输出长度	整数类型:b、c、d、o、x、X 浮点型:e、E、f、%

<填充>、<对齐>、<宽度>是 3 个相关字段。

- <宽度>指出当前槽输出字符的宽度,如果槽中对应参数长度超过<宽度>值,则使用参数的实际长度。
- 如果参数长度小于<宽度>值,则用<填充>中的字符进行填充。<填充>参数省略,则默认用空格字符填充。
- <对齐>是指参数在指定<宽度>中输出时的对齐方式,分别用<、>、^对应左对齐、右对齐、居中对齐。

```
>>> print('=填充左对齐输出{:=<30}'.format('Python'))
=填充左对齐输出 Python========================

>>> print('空格填充右对齐输出:{:>30}'.format('Python'))
空格填充右对齐输出:                        Python

>>> print('等号填充居中对齐输出:{:=^30}'.format('Python'))
等号填充居中对齐输出:============ Python ============

>>> print('长度不够,等号填充右对齐输出:{:>5}'.format('Python'))
长度不够,等号填充右对齐输出:Python
```

千分位分隔符<,>用于显示数字类型的千分位分隔符。

```
>>> print('{:-^20,}'.format(123456789))
-----123,456,789-----
```

整数类型 b、c、d、o、x、X 这些后缀的含义分别如下。

- b:输出整数的二进制值。
- c:输出整数的 Unicode 编码。
- d:输出整数的十进制值。
- o:输出整数的八进制值。
- x:输出整数的小写十六进制值。
- X:输出整数的大写十六进制值。

```
>>> print('十进制{0:d},\n 二进制是:{0:b},\n Unicode 编码是{0:c}\n 八进制是{0:o},\n 小写十六进制{0:x},\n 大写十六进制{0:X}'.format(65))
```

输出结果：

```
十进制 65，
二进制是：1000001，
Unicode 编码是 A
八进制是 101，
小写十六进制 41，
大写十六进制 41
```

浮点型 e、E、f、% 这些后缀的含义分别如下。

- e：输出浮点数对应的小写字母 e 的指数形式。
- E：输出浮点数对应的大写字母 E 的指数形式。
- f：输出浮点数的标准浮点形式。
- %：输出浮点数的百分形式。

浮点数输出时尽量使用 <精度> 表示小数部分的宽度，即保留几位小数。这样有助于更好地控制输出格式。

```
>>> print('e 指数形式{0:.2e}，\nE 指数形式：{0:.2E}，\n 浮点数：{0:.2f}，\n 百分制：{0:.2%}'.
format(0.034)
```

输出结果：

```
e 指数形式 3-40e-02，
E 指数形式：3-40E-02，
浮点数：0.03，
百分制：3-40%
```

【案例 3-10】　小明的记账单。

小明学会了用 Python 做各种计算编程，决定对自己的购物做个记账单。记账单的功能如下。

① 记录每天的消费内容，包括地点、日期、物品名、数量、单价。
② 统计总数量、总金额，以及每天的平均消费金额。
③ 记账格式整齐、美观。
④ 打印记账单。

```
n1,n2,n3 = 7,9,10
price1,price2,price3 = 12,7.28,11.5
good1,good2,good3 = '奶茶','苹果','零食'
date = '2020 年 5 月'
total_num = n1 + n2 + n3
total_amount = n1 * price1 + n2 * price2 + n3 * price3
print('- -'*9+'小明的周账单'+'- -'*9)
print('购物日期\t名称\t数量\t单价\t总价')
print(date +'1 日\t'+ good1 +'\t'+ str(n1) +'\t'+ str(price1) +'\t'+ str(n1 * price1))
print(date +'2 日\t'+ good2 +'\t'+ str(n2) +'\t'+ str(price2) +'\t'+ str(n2 * price2))
print(date +'3 日\t'+ good3 +'\t'+ str(n3) +'\t'+ str(price3) +'\t'+ str(n3 * price3))
print('----'*12)
```

```
print('总数量\t%d'%total_num)
print('总金额\t¥ %.2f 元'%total_amount)
print('日均消费\t¥ %.2f 元'%(total_amount/30))
```

运行结果：

```
-------------- 小明的周账单 --------------
购物日期            名称     数量     单价      总价
2020 年 5 月 1 日    奶茶     7       12       84
2020 年 5 月 2 日    苹果     9       7.28     65.52
2020 年 5 月 3 日    零食     10      11.5     115.0
----------------------------------------

                             总金额    ¥264.52 元

总数量  26
日均消费    ¥8.82 元
```

在上文的代码中出现了新的符号：\n、\t。使用之后发现\n 的输出结果换行了。这是一种特殊的格式化控制字符，用来控制输出效果，以反斜杠(\)开头，常用转义字符如表 3-14 所示。

表 3-14　常用转义字符

转义字符	转义字符的含义	ASCII 码
\n	换行，光标移动到下行首位	10
\a	蜂鸣，响铃	7
\b	回退，向后退一格	8
\f	换页	12
\r	回车，光标移到本行首字符位	13
\t	水平制表符	9
\v	垂直制表符	11
\0	NULL，什么都不做	0
\\	反斜杠字符(\)	92
\'	单引号字符(')	39
\"	单引号字符(")	34

【案例 3-11】　文本进度条。

进度条是计算机在处理任务或执行软件时常用的增强用户体验的重要手段，能实时显示任务或软件的执行进度。我们用 print()函数结合字符串的格式化来实现非刷新文本进度条和单行刷新文本进度条。

先按任务执行百分比将整个任务分成 100 个单位，每执行 n%就输出一次进度条，每一次输出都包含进度百分比，完成的部分用"＊＊"表示，未完成的部分用".."表示，中间用一个小箭头"—>"分隔，如：

```
10%[＊＊＊＊＊->……………………………………………………………………………]
```

由于程序执行速度非常快，远超人眼的视觉感知，直接输出，我们看不出来效果，因而每一次输出时让计算机等待 t 秒，以增强显示效果。而等待需要使用时间库 time 中的 sleep()方法。

非刷新文本进度条程序代码如下：

```python
import time
scale = 10
for i in range(scale + 1):
    a = '**' * i
    b = '..' * (scale - i)
    c = (i / scale) * 100
    print('{:<3 - 0f}%[{}->{}]'.format(c,a,b))
    time.sleep(0.1)
```

输出结果：逐行实现 0%～100%的变化输出。

```
0   %[->....................]
10 %[**->..................]
20 %[****->................]
30 %[******->..............]
40 %[********->............]
50 %[**********->..........]
60 %[************->........]
70 %[**************->......]
80 %[****************->....]
90 %[******************->..]
100%[********************->]
```

单行刷新文本进度条：想要实现在单行中动态刷新，需要将所有的输出都固定在同一行，不断用后面新生成的字符串覆盖之前的输出，形成动态效果。可以利用特殊的格式化控制字符(\r)来实现，它的功能是将光标移到本行首字符位，再控制输出不换行，即在 print()函数中设置 end 属性，这样可以将所有的输出固定在一行。

```python
import time
scale = 10
for i in range(scale + 1):
    a = '**' * i
    b = '..' * (scale - i)
    c = (i / scale) * 100
    print('\r{:<3 - 0f}%[{}->{}]'.format(c,a,b),end = '')
    time.sleep(0.1)
```

输出效果：单行动态实现从 0%～100%的变化。

```
100%[********************->]
```

3.4 实 践 应 用

【案例 3-12】 成绩单管理。

小明学习了 Python 的各种数据类型,现在老师分配给他一项任务,需要使用 Python 对班级的成绩进行统计管理,成绩如下:

学号	姓名	高等数学	大学英语	程序设计
2020001	张华	85	96	92
2020002	赵云	92	90	96
2020003	李全	86	79	90

要求完成以下操作。

① 记录每一门课的平均分(保留两位小数)。

② 记录每个人的总分、平均分(保留两位小数)。

③ 记录格式整齐、美观。

实现代码如下:

```python
name1,name2,name3 = '张华','赵云','李全'
math1,math2,math3 = 85,92,86
english1,english2,english3 = 96,90,79
program1,program2,program3 = 92,96,90
avg_math = (math1 + math2 + math3)/3
avg_eng = (english1 + english2 + english3)/3
avg_pro = (program1 + program2 + program3)/3
total1 = math1 + english1 + program1
total2 = math2 + english2 + program2
total3 = math3 + english3 + program3
total = total1 + total2 + total3
avg1 = total1/3
avg2 = total2/3
avg3 = total3/3
avg = total / 3
print('--' * 15 +'成绩单管理'+'--' * 15)
print('姓名\t高等数学\t大学英语\t程序设计\t总分\t平均分')
print('{:<4}\t{:^8}\t{:^8}\t{:^8}\t{:^4}\t{:^6.2f}'.format(name1,math1,english1,program1,
total1,avg1))
print('{:<4}\t{:^8}\t{:^8}\t{:^8}\t{:^4}\t{:^6.2f}'.format(name2,math2,english2,program2,
total2,avg2))
print('{:<4}\t{:^8}\t{:^8}\t{:^8}\t{:^4}\t{:^6.2f}'.format(name3,math3,english3,program3,
total3,avg3))
print('--' * 35)
print('{:<4}\t{:^8.2f}\t{:^8.2f}\t{:^8.2f}\t{:^4.2f}\t{:^6.2f}'.format('平均分',avg_math,avg_
eng,avg_pro,total/3,avg/3))
```

运行结果:

```
--------------- 成绩单管理 ------------------------------
姓名    高等数学      大学英语      程序设计      总分     平均分
张华      85          96          92          273      91.00
赵云      92          90          96          278      92.67
```

```
李全      86      79      90     255     85.00
------------------------------------
平均分   87.67  88.33  92.67  268.67  89.56
```

课 后 习 题

1. 对天天向上案例进行改写。尽管每天坚持,但人的能力发展不是无限的,它符合特定模型。假设能力增长符合如下模型:以 7 天为一周期,连续学习 3 天能力值不变,从第 4 天开始到第 7 天每天能力增长前一天的 1%。如果 7 天中有 1 天间断学习,则周期从头计算。请编写程序求出,如果初始能力为 1,连续学习 365 天后的能力值是多少?

2. 设计程序对恺撒密码进行解密。恺撒密码是古罗马恺撒大帝用来对军事情报进行加密的算法,它采用替换方法对每一个英文字符循环替换为字母表序中该字符后面第三个字符,对应关系如下:

原文:a b c d e f g h i j k l m n o p q r s t u v w x y z
密文:d e f g h i j k l m n o p q r s t u v w x y z a b c

假设原文字符为 P,对应密文为 S,则两者的关系为:

- $S = (P+3) \% 26$;
- $P = (S-3) \% 26$。

3. 仿照案例 3-10,编写程序模拟超市 POS 机打印出来的小票据,完成一次超市购物清单的记录。消费记录如表 3-15 所示。

表 3-15　购物清单

购物日期	名　称	数　量	单　价	总　价
2020 年 6 月 1 日	花生	5	16.8	84
2020 年 6 月 1 日	橙子	7	6.28	43.96
2020 年 6 月 1 日	面包	6	15	90

第4章　程序控制结构

问题导向

- 鱼与熊掌不可兼得时,如何选择?
- 选择时,用于判断的条件如何设置?
- 多个条件限制时如何设置?
- 用什么来控制反复次数,从什么时候开始,到什么时候结束?
- 如果不知道具体要反复多少次,不确定什么时候结束,如何处理?

重点与难点

- 分支结构的条件设置与逻辑关系。
- 循环结构的基本格式。
- 无限循环的终止。
- 循环嵌套的应用。

知识导图

Python 之旅——旅行路线

旅行途中,无限风光,有些风光让人流连忘返,想要反复欣赏,各种原因,只能有选择性地欣赏。在本章我们就来学习数据的路线控制,如何重复执行,如何有选择性地执行。

下面我们通过一个小游戏来认识数据的旅行线路控制。

【案例 4-1】 掷骰子游戏。

输入一个整数 n。A、B 两人玩掷骰子游戏,每一盘游戏中每人轮流掷 n 次,将每次掷出的骰子点数累加,n 局之后,累计点数较大的获胜,点数相同则为平局。根据此规则实现掷骰子游戏,并算出 n 局后的胜利者。

案例分析:

① 掷出来的骰子点数是随机的,这里需要用随机函数来辅助。

② A、B 两人轮流掷骰子,每个人都掷 5 次,需要将每一次掷出来的点数进行累加。这个操作需要重复 5 次,可以用循环来进行控制,开始次数为 0,结束次数为 5。重复执行的代码是:掷骰子,加点数。

③ 对累加后得到的总点数进行比较,谁的点数大,谁获胜,相同为平局。

掷骰子流程图如图 4-1 所示。

图 4-1　掷骰子流程图

代码实现:

```
import random
n = eval(input('请输入局数:'))
sumA = 0
sumB = 0
for i in range(n):
    a = random.randint(1,6)
    b = random.randint(1,6)
    sumA += a
    sumB += b
if sumA > sumB:
    print('A 获胜')
elif sumA == sumB:
    print('双方战成平局')
else:
    print('B 获胜')
```

4.1　程序流程图

在案例 4-1 中,为了把程序执行过程展现出来,将各种不同的几何图形组合起来,得到一个流程图。

在程序设计中,算法的描述方法有:用自然语言表示算法,用流程图表示算法,用 N-S 流程图表示算法,用伪代码表示算法。用自然语言表示的算法通俗易懂,不用使用者进行专门的训练,但存在以下问题:a. 自然语言的歧义性容易导致算法执行的不确定性;b. 自然语言的语句一般较长,导致描述的算法太长;c. 当一个算法中循环语句和分歧较多时,就很难表达清晰。d. 用自然语言表示的算法不便翻译成计算机程序设计语言。伪代码的优势:伪代码回避了程序设计语言严格、烦琐的书写格式,书写方便,同时具备格式紧凑,易于理解,便于向计算机程序设计语言过渡的优点。伪代码的不足:种类繁多,语句不容易规范,有时会产生误读。所以这里我们主要介绍常用的流程图和 N-S 图,下面简单学习一下算法的这两种表示方法。

1. 流程图

程序流程图是一种传统的算法表示方法。程序流程图利用图形化的符号框来代表各种不同性质的操作,并用流程线来连接这些操作。流程图表示算法直观形象,易于理解。图 4-2 所示的流程图符号,给出了流程图的构图元素,以及其含义。

流程图是程序分析和过程描述的最基本方式,它的基本元素一共有 7 种,如图 4-3 所示。

起止框表示一个程序的开始和结束;判断框表示判断一个条件是否成立,并根据判断结果选择不同的执行路径;操作框表示对数据的处理过程;输入/输出框表示数据输入或输出结果;注释框表示对程序的解释说明;流向线以带箭头直线或曲线形式指示程序的执行路径;连接点将多个流程图连接到一起,常用于将一个较大流程图分隔为若干部分。

在当前的程序设计中,程序有 3 种基本结构,分别为顺序结构、分支结构和循环结构。3 种基本结构都只有一个入口、一个出口。

图 4-2 程序流程图符号及其含义

(a) 起止框   (b) 判断框   (c) 操作框   (d) 输入/输出框

(e) 注释框   (f) 流向线   (g) 连接点

图 4-3 程序流程图的基本元素

顺序结构是程序的基础,计算机程序可以看作一条一条顺序执行的代码,但是单一的顺序结构不可能解决所有问题,因此需要引入控制结构来更改程序的执行顺序,以满足多样的功能需求。

分支结构是程序根据条件判断结果而选择不同的路径向前执行的方式,根据分支路径上的完备性,分支结构包括单分支结构和二分支结构。

循环结构是程序根据条件判断的结果决定是否向后反复执行的一种方式。根据循环体的触发条件不同,循环结构可分为条件循环结构和遍历循环结构。

图 4-4 用流程图来表示 3 种基本结构。

2. N-S 图

N-S 图也被称为盒图或 CHAPIN 图。1973 年,美国学者 I. Nassi 和 B. Shneiderman 提出了一种在流程图中完全去掉流程线,全部算法写在一个矩形阵内,在框内还可以包含其他框的流程图形式,即由一些基本的框组成一个大的框,这种流程图又称为 N-S 结构流程图(以两个

图 4-4　程序基本结构流程图

人名字的头一个字母组成)。N-S 图包括顺序、选择和循环 3 种基本结构,如图 4-5 所示。

图 4-5　3 种基本结构流程 N-S 图

4.2　程序的分支结构

4.2.1　单分支结构:if 语句

Python 中用 if 语句来表示分支结构,单分支结构的格式如下:

```
if <条件>:
    <语句块>
```

以上格式中 if、:和<语句块>前面的缩进都是语法的一部分。if 关键字与判断条件构成 if 语句,if 语句后使用:结尾,<语句块>与 if 语句之间通过缩进形成逻辑关联。

若 if 语句中的判断条件成立,执行 if 语句后的<语句块>;若条件不成立,则跳过 if 语句后的<语句块>。单分支结构中的<语句块>只有"执行"和"跳过"两种情况。

【案例 4-2】　空气质量 PM2.5 提醒。

PM2.5 是衡量空气污染的重要指标。一个简化版的空气质量标准采用三级模式,PM2.5 的值在 1～35(不包括 35)为优,在 35～75(不包括 75)为良好,在 75 及以上为污染,要求根据输入的 PM2.5 值判断空气质量,决定是否可外出运动。

```
PM = eval(input('请输入 PM2.5 的值:'))
if 0 <= PM < 35:
    print('空气质量优,尽情享受户外运动吧！')
if 35 <= PM < 75:
    print('空气质量良好,适合户外运动。')
if PM >= 75:
    print('空气污染,减少户外运动！')
```

案例 4-2 的代码中使用了 3 个 if 语句。只有当输入的 PM 值在 1～35(不包括 35)之间时,才会执行"print('空气质量优,尽情享受户外运动吧！')",否则就会跳过这个语句。

例如,输入数值 67 时,只有"print('空气质量良好,适合户外运动。')"会被执行,运行结果为"空气质量良好,适合户外运动"。"print('空气质量优,尽情享受户外运动吧！')""print('空气污染,减少户外运动！')"均在执行各自对应的 if 语句时发现条件不成立,从而被跳过。

4.2.2　二分支结构:if-else 语句

Python 中用 if-else 语句来表示二分支结构,格式如下:

```
if <条件>:
    <语句块 1>
else:
    <语句块 2>
```

若 if 语句中的判断条件成立,执行 if 语句后的<语句块 1>;若条件不成立,则跳过 if 语句后的<语句块 1>,执行 else 后的<语句块 2>。

对于案例 4-2 中空气质量 PM2.5 的判断,无论输入哪个数值,3 个 if 语句均会被执行,这样其实是一种冗余。如果我们将案例 4-2 中的空气质量判断分为两级:无污染、有污染。临界值为 75,案例 4-2 中的代码则可改成:

```
PM = eval(input('请输入 PM2.5 的值:'))
if PM < 75:
    print('空气无污染,适合户外运动。')
```

```
else:
    print('空气被污染,减少户外运动!')
```

运行程序,同样输入数值 67 时,"print('空气无污染,适合户外运动。')"会被执行。else 及"print('空气被污染,减少户外运动!')"被跳过。

二分支结构还有一种更为简洁的表达方式,适合通过判断返回特定值。

```
<表达式 1>  if<条件>  else  <表达式 2>
```

比如,判断数值 n 是否为偶数,是则返回 True,否则返回 False。用简洁版紧凑格式可写成:

```
n = eval(input('请输入整数 n 的值:'))
True if  n % 2 ==0  else  False
```

4.2.3 多分支结构:if-elif-else 语句

Python 中用 if-elif-else 语句来表示多分支结构,格式如下:

```
if<条件 1>:
    <语句块 1>
elif<条件 2>:
    <语句块 2>
……
else:
    <语句块 N>
```

多分支结构流程图如图 4-6 所示。

图 4-6 多分支结构流程图

用多分支结构对案例 4-2 的空气质量判断代码进行修改,可写成:

```
PM = eval(input('请输入 PM2.5 的值：'))
if PM < 35：
    print('空气质量优,尽情享受户外运动吧！')
elif  PM < 75：
    print('空气质量良好,适合户外运动。')
else：
    print('空气污染,减少户外运动！')
```

与案例 4-2 的代码相比较,将案例 4-2 的第二个及后面的 if 改成了 elif 和 else,在写条件时,也可将 35<= PM< 75 简写成 PM< 75,原因是 elif 指的是去除 if 中限定的 PM<35 范围,剩下的范围则只能是 PM>= 35,所以 elif 中的条件 PM<75 中其实还有一个隐含的条件 PM>= 35,实质是条件范围是指 35<= PM<75。

【案例 4-3】 身体质量指数。

随着生活水平的提高,人们越来越关注"身体质量",身体质量指数(Body Mass Index, BMI)是国际上常用来衡量人体肥胖程序和是否健康的重要标准。BMI 通过人体体重和身高两个数值获得相对客观的参数,并用这个参数所处范围来衡量身体质量。参考标准如表 4-1 所示。

BMI 的定义：

$$BMI＝体重/身高$$

其中,体重的单位为 kg,身高的单位为 m。例如,一个人的身高为 1.8 m,体重为 80 kg,则他的 BMI 值为 $80/1.8^2≈24.69$,按国际标准为正常,按国内标准为偏胖。

表 4-1　BMI 分类

分　类	国际 BMI 值/(kg · m^{-2})	国内 BMI 值/(kg · m^{-2})
偏瘦	<18.5	<18.5
正常	18.5～25(不包括 25)	18.5～24(不包括 24)
偏胖	25～30(不包括 30)	24～28(不包括 28)
肥胖	≥30	≥28

编写根据输入的身高和体重计算 BMI 值的程序,同时输出国际和国内的 BMI 指标建议值。

案例分析：

- 输入数据：需要接收两个输入的数据,分别赋值给表示身高和体重的变量。
- 数据处理：将输入的数据按 BMI 公式进行计算,并将结果赋给变量。
- 计算结果判断：利用多分支结构对计算结果按照表 4-1 所示的分类标准进行分类。
- 输出结果：将分类结果按格式进行输出。

程序编写时可以将两个判断标准分开进行,也可以将两个判断标准融合在一起进行。

BMI 值各处独立判断,代码如下：

```
h,w = eval(input('请输入身高(m)和体重(kg)[逗号隔开]：'))
BMI = w /pow(h,2)
INT,CHN =","
```

```
if BMI < 18.5:
INT = '偏瘦'
elif BMI < 25:
    INT = '正常'
elif BMI < 30:
    INT ='偏胖'
else:
    INT = '肥胖'

if BMI < 18.5:
    CHN = '偏瘦'
elif BMI < 24:
    CHN = '正常'
elif BMI < 28:
    CHN ='偏胖'
else:
    CHN = '肥胖'

print('BMI 数值为{:.2f},BMI 国际指标{},国内指标{}'.format(BMI,INT,CHN))
```

BMI 值融合在一起,代码如下:

```
h, w = eval(input('请输入身高(m)和体重(kg)[逗号隔开]:'))
BMI = w / pow(h,2)
INT, CHN = "",""
if BMI < 18.5:
    INT,CHN = '偏瘦','偏瘦'
elif BMI < 24:
    INT,CHN = '正常','正常'
elif BMI < 25:
    INT,CHN = '正常','偏胖'
elif BMI < 28:
    INT,CHN = '偏胖','偏胖'
elif BMI < 30:
    INT,CHN ='偏胖','肥胖'
else:
    INT,CHN = '肥胖','肥胖'
print('BMI 数值为{:.2f},BMI 国际指标{},国内指标{}'.format(BMI,INT,CHN))
```

　　两种代码相比较而言,第一种代码的可读性更好,代码清晰明了,容易调试和修改。第二种代码虽然行数更少,但是相对而言难以理解。对于程序设计来说,程序的简洁性和可读性更为重要,因此推荐第一种写法。

4.2.4　分支嵌套结构

Python 的分支嵌套结构格式如下：

```
if <条件1>:
    <语句块1>
    if <条件2>:
        <语句块2>
    else:
        <语句块3>
else:
……
```

分支嵌套结构流程图如图 4-7 所示。

图 4-7　分支嵌套结构流程图

【案例 4-4】　用户登录。

提示用户输入用户名，然后再提示输入密码。如果用户名是"admin"并且密码是"888888"，则提示正确，否则提示"密码错误"，如果用户名不是"admin"，则提示"用户名不存在"。

```
name = input("请输入用户名:")
pwd = input('请输入密码:')
if name == 'admin':
    if pwd == '888888':
        print('欢迎登录')
    else:
        print('密码错误')
else:
    print('用户名不存在')
```

【**案例 4-5**】 闰年的判断。

如果年份能被 4 整除但是不能被 100 整除,或者这个年份能被 400 整除,那么这一年是闰年,否则是平年。编写程序,用分支嵌套结构实现闰年的判断。

在第 3 章时通过 and、or 这样的逻辑运算符将两种情况的表达式进行连接,实现闰年的判断。在这一章中,我们用分支嵌套结构来实现。在进行分支判断时,需要注意条件的包含关系,要么从大到小,要么从小到大层层递进地进行判断,否则会逻辑错误,得不到预期的结果。

在这里用从小到大的方式,先从能否被 4 整除开始,如果满足条件,再判断能否被 100 整除,最后判断能否被 400 整除。实现代码如下:

```python
year = int(input('请输入年份:'))
if year % 4 == 0:
    if year % 100 == 0:
        if year % 400 == 0:
            print('{}年是闰年'.format(year))
        else:
            print('{}年不是闰年'.format(year))
    else:
        print('{}年是闰年'.format(year))
else:
    print('{}年不是闰年'.format(year))
```

运行结果:

```
请输入年份:2020
2020 年是闰年
```

各种分支结构都可以嵌套使用,但是过多的嵌套会导致程序逻辑混乱,降低程序的可读性,增加程序维护的难度,因此,在进行程序开发时应仔细梳理程序逻辑,尽量避免多层嵌套。

4.3 循 环 结 构

Python 的循环结构分为 for 循环和 while 循环两种。其中 for 循环确定循环次数,称为"遍历循环",循环次数采用遍历结构中的元素个数来体现。while 循环不确定循环次数,称为"无限循环",不能明确循环体可能的执行次数,而是通过条件判断是否继续执行循环体。

4.3.1 遍历循环:for 循环

遍历循环是指逐一访问目标中的数据,例如,逐个访问字符串的字符,逐个访问列表中的元素等。Python 一般使用保留字 for 遍历循环,语法格式如下:

```
for <循环变量> in <遍历结构>:
    <语句块>
```

for 语句中的循环执行次数是根据遍历结构中元素个数确定的,遍历循环可以理解成从遍历结构中逐一提取元素,放在循环变量中,对于所提取的每个元素都执行一次<语句块>。

<遍历结构>可以是字符串、文件、组合数据类型或 range()函数等。

<循环变量>用于保存本次循环中访问到的遍历结构中的元素。

1. 遍历元素

使用 for 循环遍历字符串、列表等组合类型。

遍历字符串,代码如下:

```
#遍历字符串
s = 'ABCDE'
for c in s:
    print(c)
```

运行结果:

```
A
B
C
D
E
```

遍历列表,代码如下:

```
ls = ['abc',123,'Python','X']
for t in ls:
    print(t)
```

运行结果:

```
abc
123
Python
X
```

从遍历字符串和列表的运行结果可以发现,遍历是按字符串、列表中的元素有序进行访问的,先从索引号为 0 的元素开始,一直到最后一个。一次循环取一个元素,将元素的值赋给循环变量。

【案例 4-6】　日历的输出。

一个列表存储了 2021 年 1 月的日期,另一个列表存储了星期几的数据。请按从星期日到星期六的顺序方式将星期几和日期输出。已知 1 月 1 日是星期五,每个数字占 8 个字符的宽度,数字之间以竖线"|"分隔。输出结果如下:

```
星期日  | 星期一 | 星期二 | 星期三 | 星期四 | 星期五 | 星期六 |
                                        1    | 2    |
   3    | 4     | 5     | 6     | 7     | 8    | 9     |
   10   | 11    | 12    | 13    | 14    | 15   | 16    |
   17   | 18    | 19    | 20    | 21    | 22   | 23    |
   24   | 25    | 26    | 27    | 28    | 29   | 30    |
   31   |
```

案例分析：

- 先对星期几的列表进行遍历,将星期输出在一行中。再确定 1 日的位置,在 1 日前面输出相应数量的空格。
- 对日期列表进行遍历,将日期从 1 日开始遍历输出,每输出一个日期,就将位置值加 1。如果输出的位置是 7 的倍数,则换行,否则不换行输出日期。

实现代码如下：

```
January = [i for i in range(1,32)]        #用循环生成日期列表
week = '日一二三四五六'
for w in week:
    print('{:^5}'.format('星期'+ w), end ='|')
print()
position = 5
print('' * 9 * 5, end = '')
for date in January:
print('{:^8}'.format(date), end ='|')
position += 1
if position % 7 == 0:
    print()
```

2. range( )函数

range()函数可以创建一个整数列表,range()函数的语法格式如下：

```
range([start,]  stop  [,step])
```

函数说明：

- start：表示列表的起始位置,该参数可以省略,省略则表示列表默认从 0 开始。
- stop：表示列表的结束位置,开区间,即不包含 stop 的值,如 range(6)、range(0, 6)表示结束的值为 5,即产生的列表为[0,1,2,3,4,5]。
- step：表示列表中元素的增幅,该参数可以省略,省略则表示元素默认步长为 1,如 range(0,6) 相当于 range(0, 6, 1)。

range()函数一般与 for 循环搭配使用,以控制 for 循环中代码段的执行次数。例如,对上面字符串、列表的遍历也可以由 range()函数来控制,range()函数的结束值为字符串、列表的长度。相应的代码修改如下。

字符串遍历代码：

```
s = 'ABCD'
for i in range(len(s)):
    print(s[i])
```

列表遍历代码：

```
ls = ['abc',123,'Python','X']
for i in range(len(ls)):
    print(ls[i])
```

for 与 range()函数的搭配在 Python 中应用非常频繁,一般非元素遍历而又明确循环次数的循环方式均可使用这种搭配。

【案例 4-7】　计算 1~100 的累加之和。

案例分析:

要计算 1~100 的累加之和,可以使用循环语句,将 1~100 间的数字逐一取出来进行累加。可以使用 for 与 range()的搭配,循环次数为 100 次,结束值为 100。算法流程图如图 4-8 所示。

图 4-8　1~100 累加的算法流程图

程序代码如下:

```
sum = 0
for i in range(101):
    sum += i
print('1 + 2 + 3 + ⋯ + 100 =',sum)
```

运行结果:

```
1 + 2 + 3 + ⋯ + 100 = 5050
```

【案例 4-8】　打印出所有的水仙花数。所谓"水仙花数"是指一个 3 位数,其各位数字立方和等于其本身。例如,153 是一个水仙花数,因为 $153 = 1^3 + 5^3 + 3^3$。

案例分析:

最小的 3 位数是 100,最大的是 999,需要在 100~999 的范围内逐一遍历,对每一个数字都取出它的百位、十位和个位,查看这 3 位数字的 3 次方之和是否与这个数字本身相等,如果相等,则输出。

如何取出一个 3 位数的百位、十位和个位?

方法一:个位可以直接通过用这个数对 10 取余获取,百位可通过用这个数对 100 整除获取,十位则需要先用这个数对 10 整除,再用整除的结果对 10 取余。

方法二：可以先将这个数值转换成字符串，用取子串的方式逐一取出对应位的数字，再将取出的数字转换为整型。

方法一的代码如下：

```
for i in range(100,1000):
    a = i //100          #获得百位
    b = i //10 % 10      #获得十位
    c = i % 10           #获得个位
if a ** 3 + b ** 3 + c ** 3 == i:
        print(i)
```

方法二的代码如下：

```
for i in range(100,1000):
    num = str(i)
    a = int(num[0] )      #获得百位
    b = int(num[1] )      #获得十位
    c = int(num[2] )      #获得个位
    if a**3 + b**3 + c**3 == i:
        print(i)
```

运行结果：

```
153
370
371
407
```

4.3.2　无限循环：while 循环

很多应用在执行之初无法确定遍历结构，这就需要一种由触发条件来控制循环的语法，这种循环称为无限循环，也称为条件循环。无限循环一直保持循环操作，直到循环条件不满足才结束，不需要提前知道循环次数。

Python 通过保留字 while 实现无限循环，语法格式如下：

```
while <条件> :
    <语句块>
```

<条件>与 if 语句中的判断条件一样，结果为 True 或 False。

当程序执行到 while 语句时，若<条件>的结果为 True，则执行<语句块>中的内容，<语句块>执行完之后再次回到 while 语句进行判断，如此往复，直到循环<条件>的结果为 False，则终止循环，执行 while 循环结构之后的语句。

如案例 4-7 计算 1~100 的累加之和，用 while 结构来实现，代码如下：

```
sum = 0
i = 0
while i < = 100:
```

```
        sum += i
        i += 1
print('1 + 2 + 3 + ··· + 100 =',sum)
```

注意：<语句块>中一定要有控制<条件>变化的语句，否则会变成死循环。如上面代码的条件是"i<=100"，循环控制变量为 i，在循环体中必然有变量 i 的值发生变化的语句，如"i += 1"。这个变量也称为程序维护计数器。在 for 循环结构中循环变量逐一取自遍历结构，所以不需要程序维护计数器。

【案例 4-9】 用欧几里得距离（辗转相除）计算两个数字的最大公约数和最小公倍数。输入两个数字，求出两数的最大公约数和最小公倍数。

案例分析：

欧几里得距离法也称为辗转相除法，指的是将两个数进行取余运算，取余的结果作为下一轮的除数，上一轮的除数则为下一轮的被除数。用来求最大公约数，则当取余的结果为 0 时，当前的除数即最大公约数。最小公倍数则是两数的积除以两数的最大公约数。

要进行取余运算，一般将大的数字作为被除数，小的数字作为除数。实现代码如下：

```
m , n = eval(input('请输入两数，用逗号分隔：'))
product = m * n
if m < n:
    m, n = n, m
while n != 0:
    m, n = n, m%n
print('最大公约数是：{}'.format(m))
print('最小公倍数是：{}'.format(product//m))
```

运行结果：

```
请输入两数，用逗号分隔：48, 32
最大公约数是：16
最小公倍数是：96
```

4.3.3　循环保留字：break 和 continue

循环结构在条件满足时可一直执行，但是在一些特殊的情况下，程序需要终止循环，跳出循环结构。例如玩游戏，在游戏正在运行时，按下 Esc 键，将终止程序主循环，结束游戏。

Python 提供了两个保留字（break 和 continue），用它们来辅助控制循环的执行。

1. break

break 跳出它所属的循环结构，脱离循环后程序从循环代码后继续执行。该语句通常与 if 结构结合使用。语法格式如下：

```
for <循环变量> in <遍历结构>:          while <循环条件>:
    <语句块 1>                           <语句块 1>
    if  <判断条件>:                       if  <判断条件>:
        break                                break
    <语句块 2>                           <语句块 2>
```

break 流程图如图 4-9 所示。

图 4-9　break 流程图

在这种结构中,当满足循环条件时,执行<语句块 1>的内容,若不满足<判断条件>,执行<语句块 2>的内容,如此往复。当满足循环条件,同时也满足<判断条件>时,则执行完<判断条件>后就从循环中退出,即终止循环。

示例代码:

```
for c in 'Python':
    if c == 't':
        break
    print(c,end='')
```

这段代码在字符串中遍历,从字符串"Python"中逐一取出字符进行输出,当取出的字符为"t"时,满足判断条件,则会从循环中跳出,故输出结果为:

```
P y
```

2. continue

continue 与 break 的区别在于,continue 结束本次循环,继续下一轮循环判断,而不是终止整个循环的执行;break 语句则会结束整个循环过程,不再执行循环条件的判断。

continue 同样与 if 语句结合使用,语法格式如下:

```
for <循环变量> in <遍历结构>:
    <语句块 1>
    if  <判断条件>:
        continue
    <语句块 2>
```

```
while <循环条件>:
    <语句块 1>
    if  <判断条件>:
        continue
    <语句块 2>
```

continue 流程图如图 4-10 所示。

图 4-10　continue 流程图

在这种结构中,当满足循环条件时,执行<语句块 1>的内容,若不满足<判断条件>,执行<语句块 2>的内容,如此往复。当满足循环条件,同时也满足<判断条件>时,则执行完<判断条件>后回到循环,本次循环跳过<语句块 2>。

使用 continue 修改上面的代码:

```
for c in 'Python':
    if c == 't':
        continue
    print(c, end = '')
```

这段代码在字符串中遍历,从字符串"Python"中逐一取出字符进行输出,当取出的字符为"t"时,满足判断条件,则会跳过判断条件后面的语句"print(c, end='')",继续下轮循环的判断,故字符"t"不会被输出。运行结果为:

```
Pyhon
```

【案例 4-10】　统计个数。

编写程序统计每种不同的个位数字出现的次数。例如,给定 $N=100311$,则有 2 个"0"、3 个"1"和 1 个"3"。

输入格式:每个输入都包含 1 个测试用例,即一个不超过 1 000 位的正整数 N。

输出格式:对 N 中每一种不同的个位数字,以 $D:M$ 的格式在一行中输出该位数字 D 及其在 N 中出现的次数 M。要求按 D 的升序输出。

输入样例:

100311

输出样例：

0:2

1:3

3:1

案例分析：

```
n = input()
s = "
for c in n:
    if c in s:
        continue
    else:
        s += c
for i in range(10):
    if str(i) in s:
        print('{}:{}'.format(i, n.count(str(i))))
```

【案例 4-11】 用穷举法计算两个数字的最大公约数和最小公倍数。

案例分析：

用穷举法来求最大公约数，则可以从两数中小的那个数字开始进行遍历，一直到 1 为止。如果遍历过程中发现某个数字能同时被两数整除，那么这个数字即最大公约数。实现代码如下：

```
m , n = eval(input('请输入两数,用逗号分隔:'))
product = m * n
if m < n:
    m , n = n , m
for i in range(n, 0, -1):
    if m % i == 0 and n % i == 0:
        print('最大公约数是:{}'.format(i))
        break
print('最小公倍数是:{}'.format(product//i))
```

4.3.4 循环与 else

1. for-else

for 循环还能与保留字 else 搭配使用，for-else 的语法结构如下：

```
for <循环变量> in <遍历结构>:
    <语句块 1>
else:
    <语句块 2>
```

else 后的<语句块 2>只在循环正常执行完成之后才执行，因此可以在<语句块 2>中放置判断循环执行情况的语句。如下列代码：

```
for c in 'ABC':
    print('循环进行中:' + c)
else:
    print('循环正常结束:')
```

运行结果:

```
循环进行中:A
循环进行中:B
循环进行中:C
循环正常结束
```

【案例 4-12】 质数的判断。

输入一个正整数,检查该数是否为质数。如输入 34,输出结果为"34 不是质数";输入 53,输出结果为"53 是质数"。

案例分析:

质数是指某个数除了 1 和自身外,没有其他的因子。1 不是质数,最小的质数是 2。要判断一个数 n 是否有因子,则可以在 $2 \sim n-1$ 的范围内逐个检验是否存在 n 的因子,但是如果 n 是个非常大的值,则循环次数太多,时间复杂度过大,因而需要减小遍历的范围,如从 2 到 $n/2$,则可以减少一半的次数。如果数字是 16,则遍历范围可变成 $2 \sim 8$。但是我们发现可以继续优化,16 的因子有 2、4、8。2 是 16 的因子,同时 $16/2 = 8$,找到 2、8 就不用再检验了,再找下一个因子 4,$16/4 = 4$,因而我们遍历的范围可以变成 2 到 16 的平方根,即可找到这个数的因子。同样是数字 n,对数字 n 开平方,如果得到小数,对它取整即可。

如果一个数能找到它的因子,那么它不是质数,如果循环结束了还没有找到因子,那么这个数就是质数。代码如下:

```
n = int(input())
if n == 1:
    print('{}不是质数'.format(n))
else:
    for i in range(2, int(n ** 0.5) + 1):
        if n % i == 0:
            print('{}不是质数'.format(n))
            break
    else:
        print('{}是质数'.format(n))
```

2. while-else

while 循环也一样可以与保留字 else 搭配使用,语法如下:

```
while <条件>:
    <语句块 1>
else:
    <语句块 2>
```

在这种模式中,当 while 循环正常执行后,程序会继续执行 else 语句中的内容。else 语句只在循环正常执行后才执行。因此，在<语句块 2>中可以放置判断循环情况的语句。例如：

```
s = 'ABC'
i = 0
while i < len(s):
    print('循环进行中:' + s[i])
    i += 1
else:
    print('循环正常结束:')
```

运行结果：

```
循环进行中:A
循环进行中:B
循环进行中:C
循环正常结束
```

【案例 4-13】 数字黑洞。

任意一个 4 位数，只要它各个位上的数字不是完全相同的，就有这样的规律：

① 将组成该 4 位数的 4 个数字由大到小进行排列，形成由这 4 个数字构成的最大 4 位数；

② 将组成该 4 位数的 4 个数字由小到大进行排列，形成由这 4 个数字构成的最小 4 位数（如果 4 个数中含有 0，则得到的数不足 4 位）；

③ 求两个数的差，得到一个新的 4 位数（高位零保留）。

重复以上过程，最后一定会得到的结果是 6174。

比如：9998→0999→8991→8082→8532→6174，经过 5 次变换，得到 6174。

编写程序，判断输入的 4 位数需要经过几次变换才能得到 6174。

案例分析：

对输入的数字进行分离，再按大小排序。由于输入函数 input() 的返回值是字符串类型，所以可以用 sorted() 方法对字符串的字符进行分离并排序，得到一个列表。将列表的元素用 join() 方法拼接起来，得到一个排序后的字符串，再对两个字符串进行数据类型转换，用 int() 函数将它们变成整型，对转换类型后的两个数字进行减法运算，将运算结果用 str() 方法转换为字符串，以方便下一轮的分离、排序。如果减法运算得到的结果低于 4 位数，则添加 0 补齐 4 位。

实现代码如下：

```
n = input('请输入四位数:')
count = 0
while n! ='6174':
    max_num = sorted(n,reverse = True)
    max_num = ''.join(max_num)
    min_num = sorted(n)
    min_num = ''.join(min_num)
    n = str(int(max_num) - int(min_num))
    if len(n)<4:
        n = '0'*(4-len(n)) + n
    count += 1
    print('第%d次转换得到:%s'%(count,n))
print('一共进行了%d次转换'% count)
```

运行结果如下：

```
请输入四位数:9998
第 1 次转换得到:0999
第 2 次转换得到:8991
第 3 次转换得到:8082
第 4 次转换得到:8532
第 5 次转换得到:6174
一共进行了 5 次转换
```

4.3.5　循环嵌套

循环嵌套是指在一个循环体内完整地包含一个或者几个循环结构，也称为多重循环。Python 中的两类循环 while 循环和 for 循环都可以相互嵌套，循环的嵌套也可以是多层的。

循环嵌套可以使复杂的问题结构化，把一个功能的实现拆分成一个一个更小的功能，然后再实现，在此实现的过程中必须要注意结构上的逻辑性和该逻辑的正确性，要保证每一个小的功能都能够完全正确，最终实现一个完整的循环。循环嵌套常用于解决矩阵计算、报表打印等问题。

【案例 4-14】　使用嵌套语句输出图 4-11 所示的图形。

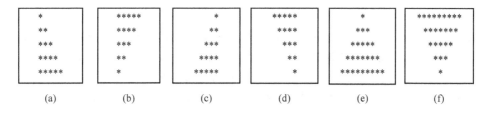

图 4-11　程序效果图

案例分析:

在控制输出过程中，循环嵌套的执行原理是：外层循环表示行数；内层循环表示列数；外层变量换到内层，达到递增或递减效果。

图 4-11(a)中，符号左对齐输出，每一行符号个数都是递增，第一行是 1 个，…，第 i 行是 i 个，则可知符号个数等于行号。实现代码如下：

```
for i in range(1, 6):
    for j in range(i):
        print('*', end='')
    print()
```

图 4-11(b)中，符号左对齐输出，每一行符号个数都是递减，一共 5 行，第一行是 5 个，第 i 行是 $6-i$ 个，则可知符号个数由总行数加 1 减行号得到。实现代码如下：

```
for i in range(1,6):
    for j in range(6 - i):
        print('*', end='')
    print()
```

图 4-11(c)中,符号右对齐输出,每一行的符号前面都需要输出空格来控制右对齐。每一行的空格数都是递减的,第 1 行 4 个空格,第 i 行 $5-i$ 个空格,即每一行的空格数都是总行数减去行号。每一行的符号都是递增的,第一行是 1 个,…,第 n 行是 n 个,即可知符号个数等于行号。实现代码如下:

```
for i in range(1,6):
    for k in range(5 - i):
        print('', end = ")
    for j in range(i):
        print('*', end = ")
    print()
```

图 4-11(d)中,符号右对齐输出,每一行的符号前面都需要输出空格来控制右对齐。总行数为 5,每一行的空格数都是递增的,第 1 行 0 个空格,第 i 行 $i-1$ 个空格,即每一行的空格数都是行号减 1。每一行的符号个数都是递减的,第一行是 5 个,第 i 行是 $6-i$ 个,即可知符号个数等于总行数加 1 减去行号。实现代码如下:

```
for i in range(1,6):
    for k in range(i-1):
        print('', end = ")
    for j in range(6 - i):
        print('*', end = ")
    print()
```

图 4-11(e)中,符号居中输出,每一行的符号前面都需要输出空格来控制居中对齐。总行数为 5,每一行的空格数量都是递减的,第 1 行的空格数为 4 个,即 $5-1$,第 i 行的空格数为 $5-i$,即空格数等于总行数减去行号。每一行的符号个数都是递增的,第 1 行是 1 个,第 2 行是 3 个,第 i 行是 $2i-1$ 个,则可知符号个数等于行号乘 2 减 1。实现代码如下:

```
for i in range(1,6):
    for k in range(5 - i):
        print('',end = ")
    for j in range(2 * i-1):
        print('*',end = ")
    print()
```

图 4-11(f)中,符号居中输出,每一行的符号前面都需要输出空格来控制居中对齐。总行数为 5,每一行的空格数量都是递增的,第 1 行的空格数为 0 个,第 2 行的空格数为 1 个,第 i 行的空格数为 $i-1$ 个,即空格数等于行号减去 1。每一行的符号个数都是递减的,第 1 行是 9 个,第 2 行是 7 个,第 i 行是 $2\times(5-i)+1$ 个,则可知符号个数等于总行数减行号后乘 2 再加 1。实现代码如下:

```
for i in range(1, 6):
    for k in range(i-1):
        print('',end = ")
    for j in range(2 * (5 - i) + 1):
        print('*',end = ")
    print()
```

【案例 4-15】　使用嵌套语句输出九九乘法表。

案例分析：

由外层循环控制行,同时行号即被乘数,用内层循环控制列,同时列号即乘数。每一行的输出内容为:行号 * 列号＝积。列号的最小值为 1,最大值为行号。实现代码如下:

```
for i in range(1,10):
    for j in range(1,i+1):
        print('{} * {} = {:<2}'.format(i,j,i * j), end = ' | ')
    print()
```

运行结果如图 4-12 所示。

```
1*1=1   |
2*1=2   | 2*2=4   |
3*1=3   | 3*2=6   | 3*3=9   |
4*1=4   | 4*2=8   | 4*3=12  | 4*4=16  |
5*1=5   | 5*2=10  | 5*3=15  | 5*4=20  | 5*5=25  |
6*1=6   | 6*2=12  | 6*3=18  | 6*4=24  | 6*5=30  | 6*6=36  |
7*1=7   | 7*2=14  | 7*3=21  | 7*4=28  | 7*5=35  | 7*6=42  | 7*7=49  |
8*1=8   | 8*2=16  | 8*3=24  | 8*4=32  | 8*5=40  | 8*6=48  | 8*7=56  | 8*8=64  |
9*1=9   | 9*2=18  | 9*3=27  | 9*4=36  | 9*5=45  | 9*6=54  | 9*7=63  | 9*8=72  | 9*9=81  |
```

图 4-12　九九乘法表

4.4　异 常 处 理

Python 通过 try-except 语句来进行异常处理。

异常指的是程序运行时发生的不被期望的事件,它阻止了程序按照程序员的预期正常执行。异常发生时,是任程序自生自灭,立刻退出终止,还是做出一定的处理呢? Python 提供了一种异常处理机制。

例如,在运行下列代码时,需要进行数据输入,如果用户输入的是数字,程序会正常运行,如果输入的是非数字,则会报错。

```
n = eval(input('请输入一个整数:'))
print(n)
```

如果运行时输入了非数字,如 ab,则会报以下错误:

```
NameError                               Traceback (most recent call last)
< ipython-input-6-6022e8109005 > in < module >()
----> 1 n = eval(input('请输入一个整数:'))
          2 print(n)
< string > in < module >()
NameError: name 'ab' is not defined
```

可以看出,Python 解释器返回了异常信息,同时退出了程序。在这些信息中:"NameError"表示出现的异常类型;"Traceback"表示异常回溯标记;"----> 1"表示异常发生的代码行数;

"NameError：name 'ab' is not defined"表示此类异常类型中异常的内容提示。

异常处理机制能让程序在异常发生时，按照代码预先设定的异常处理逻辑，有针对性地处理异常，让程序尽最大可能恢复正常并继续执行，且保持代码的清晰。Python 的异常机制采用了 try、except、else 和 finally 等关键字。

- try：用于监听。将要被监听的代码，即可能产生异常的代码，放在 try 语句块之内，当 try 语句块内发生异常时，异常就被触发。
- except：处理 try 语句块中发生的异常。except 关键字后面可以给出异常类型，也可以省略不写。如果给出异常类型，则只处理这一类型的异常。若没有给出异常类型，则可以处理所有其他异常。
- else：异常结构的 else 语句与 for-else、while-else 结构一样，当 try 语句正常执行结束，没有产生异常时，则执行 else 中的语句块，可以看成对 try 语句块正常执行后的一种追加处理。
- finally：不管是否发生异常，finally 中的语句块总是会被执行。它主要用于回收在 try 块里打开的物力资源（如数据库连接、网络连接和磁盘文件），相当于一些收尾工作放在这个语句块中。

Python 常用 try-except 语句来实现异常处理，基本格式如下：

```
try:
    <语句块 1>
except <异常类型>:
    <语句块 2>
```

<语句块 1>是正常执行的程序内容，当发生异常时执行 except 保留字后面的语句块。对输入/输出数据代码加上异常处理，如下：

```
try:
    n = eval(input('请输入一个整数:'))
    print(n)
except NameError:
    print('输入错误,请输入一个整数!')
```

运行时输入了非数字，如 ab，则会出现如下结果：

```
请输入一个整数:ab
输入错误,请输入一个整数!
```

如果要处理多种类型的异常，则可使用多个 except 语句，类似于 if-elif-else 分支结构。基本格式如下：

```
try:
    <语句块 1>
except <异常类型 1>:
    <语句块 2>
except <异常类型 2>:
    <语句块 3>
```

......

```
except:
    <语句块 n+2>
```

对输入/输出数据代码实现多种异常处理,如下:

```
try:
    n = eval(input('请输入一个整数:'))
    print(n)
except NameError :
    print('输入错误,请输入一个整数!')
except :
    print('其他错误类型!')
```

运行时同样输入了非数字,如 ab,则会出现如下结果:

```
请输入一个整数:ab
输入错误,请输入一个整数!
```

4.5 Random 库

在案例 4-1 中,由于掷骰子的点数是不确定的,可能是 1~6 之间的任意一个,这种随机数字的产生需要用到随机库 Random。

随机数在计算机中的应用非常广泛,Python 内置的 Random 库主要用于产生各种分布点的伪随机数序列。Random 库采用了梅森旋转(Mersenne twister)算法生成伪随机数序列,可以应用于除随机性要求更高的加密算法之外的大多数工程中。

4.5.1 Random 库的常用函数

使用 Random 库时,必须先导入,导入的方式有两种。

方法一:import random。

方法二:from random import *。

使用方法一导入 Random 库,每次用库中的方法时,必须加上前缀 random,如 random.random()。

使用方法二导入 Random 库,不需要用 random 库名作前缀,可直接使用方法名,如 random()。

Random 库中所有的函数都是基于最基本的 random.random() 函数扩展实现的。表 4-2 列出了 Random 库中的常用函数。

表 4-2 Random 库中的常用函数

函 数	说 明
seed(a =None)	随机种子,默认值为当前系统时间

函　数	说　明
random()	生成一个[0.0,1.0]之间的随机小数
randint(a, b)	生成一个[a,b]之间的随机整数
getrandbits(k)	生成一个 k 比特长的随机整数
randrange(start,stop[,step])	生成一个[start,stop)之间以 step 为步长的随机整数
uniform(a, b)	生成一个[a,b]之间的随机小数
choice(seq)	从序列类型(如列表、字符串)中随机获取一个元素
shuffle(seq)	将序列类型的元素随机排列,返回打乱后的序列
sample(pop,k)	从 pop 类型中随机选取 k 个元素,以列表类型返回

使用 Random 库中方法时,每次执行的结果不一定相同,例如:

```
>>> from random  import *
>>> random()
0.8482752336931072
```

每次运行时,用 random()方法得到的结果都不一样。

但是如果用了 seed()函数,那么每次运行都会得到一组相同的随机数。例如:

```
seed(10)
for i in range(5):
    print(random())
```

第一次运行结果如下。之后再运行得到的还是这样的同一组随机数。

```
0.5714025946899135
0.4288890546751146
0.5780913011344704
0.20609823213950174
0.81332125135732
```

randint()随机生成一个指定闭区间中的整数。例如:

```
for i in range(5):
    print(randint(1,5) ,end=',')
```

运行结果:

```
1 ,4 ,3 ,5 ,1 ,
```

randrange()随机生成一个指定范围(左闭右开)中整数,例如,生成 5 个在[1,5)范围内的随机数:

```
for i in range(5):
    print(randrange(1,5),end=',')
```

运行结果:

```
2 ,2 ,1 ,3 ,4 ,
```

getrandbits()随机生成指定长度的二进制数对应的整数。如 getrandbits(4)的范围是
0000B～1111B,对应的十进制就是 0～15。

```
for i in range(5):
    print(getrandbits(4),end =',')
```

运行结果：

```
9 ,0 ,1 ,15 ,12 ,
```

uniform()方法与 randrange()方法相似,只是它生成的是左闭右开区间的随机小数。

```
for i in range(5):
    print(uniform(1,2),end =',')
```

运行结果：

```
1.7728493463067059, 1.328063930829693, 1.2236656695977493, 1.5448505559010297, 1.0436729440961572,
```

choice()方法从指定序列中随机选择一个元素,例如：

```
ls = [1, 2, 3, 4, 5, 6, 7, 8, 9]
for i in range(5):
    print(choice(ls),end =',')
```

运行结果：

```
7 ,3 ,7 ,8 ,4 ,
```

shuffle()方法将指定序列的顺序随机打乱,是在原序列上进行操作的。

```
ls = [1, 2, 3, 4, 5, 6, 7, 8, 9]
shuffle(ls)
ls
```

运行结果：

```
[3, 1, 9, 7, 8, 6, 4, 5, 2]
```

sample()方法从指定的组合类型中随机选择指定个数的元素作为返回值,返回值类型为
列表。例如：

```
dic = {'a','b','c','d'}
sample(dic,3)
```

运行结果：

```
['a','c','d']
```

4.5.2　Random 库的应用

【案例 4-16】　随机验证码。

请编写程序,生成 10 个一组的随机验证码。具体要求如下。

① 使用 Random 库,采用 10 作为随机数种子。

② 验证码的字符由下列字符串中的字符组成:abcdefghijklmnopqrstuvwxyzABCDEFGHIJKLMNOPQRSTUVWXYZ1234567890。

③ 每个验证码的长度都固定为 10 个字符。

④ 程序运行每次产生 10 个验证码,每个验证码一行。

⑤ 每次产生的 10 个验证码首字符不能一样,且不能以数字开头。

⑥ 按行输出 10 个验证码。

案例分析:

将组成验证码的字符作为字符串赋给变量,通过字符切片的方式从中获取。虽然知道一组验证码有 10 个,但是每次生成的验证码并不一定符合要求,所以不能用遍历循环,而是使用不定循环来控制验证码生成的数量。

每个验证码都由 10 个符号组成,且相互间的首字符不能相同,也不能是数字。解决方法是用一个序列变量来存储首字符,初始值为 10 个数字。

验证码由 10 个符号组成,循环 10 次实现。每次循环都从字符串中随机选取一个符号。

每次生成一个验证码,先将首字符与变量中的值进行匹配,如果已存在,则不作处理,如果不存在,则生成的验证码是有效的,将该验证码的首字符加入存首字符的变量中,并将这个验证码输出。

```python
import random
s = 'abcdefghijklmnopqrstuvwxyzABCDEFGHIJKLMNOPQRSTUVWXYZ1234567890'
random.seed(10)
psw_list = []
first_char = '0123456789'
print('生成的一组验证码是:')
while len(psw_list) < 10:
    psw = ''
    for i in range(10):
        psw += s[random.randint(0, len(s) - 1)]
    if psw[0] in first_char:
        continue
    else:
        psw_list.append(psw)
        first_char += psw[0]
        print(psw)
```

运行结果:

```
生成的一组验证码是:
KcBEKanD1F
p99VxcA4iM
wyAs1RqD1R
tQxiDX4pCN
```

```
ycLapim97t
IxX6puQJCB
EePLu3Gk2o
ApccFt1MQe
MjhOXXgCkZ
m9wBACpRrj
```

课 后 习 题

1．打印出回文数，所谓"回文数"是指一个数，无论从左向右读，还是从右向左读，都是相同的。例如，8118 是一个回文数，它的 4 位数之和为 18。请编写程序找出所有 4 位数的数字之和为 18 的回文数。

2．一个数如果恰好等于它的因子之和，这个数就称为"完数"。例如，6 的因子为 1、2、3，而 6＝1＋2＋3，因此 6 就是完数。又如，28 的因子为 1、2、4、7、14，而 28＝1＋2＋4＋7＋14，因此 28 也是完数。编写一个程序，判断用户输入的一个数是否为完数。

3．分别用穷举法和欧几里得距离（辗转相除）法求两个指定数字的最大公约数和最小公倍数。

4．请编写程序实现：输入一个正整数，检查该数是否为质数。

5．请编写程序实现输出杨辉三角，结果如图 4-13 所示。

图 4-13　杨辉三角

第 5 章　函　　数

问题导向

- 内置函数都有自己特定的功能，如何自定义类似内置函数的功能模块？
- 如何调用自定义的函数功能？
- 怎么实现在函数内外数据的传递与交互？

重点与难点

- 函数的定义与调用。
- 参数的传递、变量的作用域。
- 递归与迭代的应用。

知识导图

Python 之旅——精品团线

人们在选择旅行产品时,有时不想花费太多的精力去查看某个地方的具体景点,只有一个大致的设想,如想去某个城市,玩几天。这样就会有相应的旅行社产品供选择。而在程序设计中这种功能封装称为函数。把具体细节封装起来,只需要提供一些参数,通过某个接口调用,就能得到相应结果的方式称为函数。

5.1 函数的基本使用

为什么要使用函数呢?

如果一个软件功能比较强大,相对应的代码也会比较庞大,以目前最大的全球计算机软件提供商微软为例,在 Windows 2000 的研发过程中,微软投入了 300 多名的软件工程师和系统测试人员,合计写出约 5 000 万行代码。可以想象一下,如果把所有的代码都放在一个主函数中,代码编写就无法分工,编写任务基本也不可能完成,同时也会产生代码过长,容易出错,可读性差等问题。

因此必须有一种机制,能将代码划分为若干模块,每一模块都可相对独立地实现某一功能,这就是函数。

另外,有部分功能经常要使用,但是不可能每次使用的时候都把相应的功能代码全部写一遍,这样会造成代码的大量冗余。解决的方法就是将这样的功能封装起来,每次需要使用这些功能时,通过调用函数就可实现。

有一部分经常使用的函数,由系统直接封装,用户不需重复定义就可直接调用,这就是内置函数,如我们前面学到的函数 print()、len() 等,都是 Python 的内置函数。

有一些是用户自己定义的函数,不同功能的函数之间通过一定的方式实现通信,这就需要为自定义函数设计参数及返回值。

总体来说,函数的两个主要目的是:降低编程难度,实现代码复用。

函数是一种功能抽象,复用它可以将一个复杂的大问题分解成一系列简单的小问题,同时,小问题还可以继续划分成更小的问题,是一种分而治之的思想应用。当每个小问题都细化到足够简单时,为每个小问题编写程序,并进行函数封装,通过小问题的解决使整个大问题得到解决。这就是一种自顶向下的程序设计思想。

【案例 5-1】 请编写程序完成公式的计算:$C_n^m = \dfrac{n!}{m!(n-m)!}$,其中 m、n 的值由键盘输入。

案例分析:

从公式 $C_n^m = \dfrac{n!}{m!(n-m)!}$ 中,我们可以看到要反复求各数的阶乘,如果直接用代码编写,需要将求阶乘的代码写 3 次,这必然会造成大量的代码冗余,因此我们可以将求阶乘的功能代码封装起来,得到一个函数,每次要求阶乘时,只需要修改参数并调用函数即可。

```
#自定义阶乘函数 fact(),用于求参数 a 的阶乘,返回值为 a 的阶乘
def fact(a):
    f = 1
    for i in range(1,a+1):
        f *= i
```

```
    return f
n = eval(input())
m = eval(input())
c = fact(n)/(fact(m) * fact(n－m))
print(c)
```

5.1.1　函数的定义

函数的定义即函数功能的实现过程,函数包含函数头与函数体两部分。为提高程序的可读性,在函数定义之前,一般以注释形式标明函数接口信息。从案例 5-1 中,我们可以看出函数的定义格式:

```
def 函数名(参数 1,参数 2,…):
函数体
return 返回值列表
```

- def:关键字,标志着函数的开始。
- 函数名:函数唯一的标识,可以是任何有效的 Python 标识符,命名方式遵循变量的命名规则。
- 参数:参数列表中的参数是形式参数,简称"形参",是调用该函数时传递给它的值,可以是零个,也可以是一个或多个。当传递多个参数时,各参数由逗号分隔。没有参数也需要保留括号。形参只在函数体中有效。
- 冒号:用于标记函数体的开始。
- 函数体:是函数每次被调用时执行的代码,由一行或多行代码组成。
- return:标志函数的结束,将返回值赋给函数的调用者。若是没有返回值,则无须保留 return 语句,在函数体结束位置将控制权返回给调用者。

5.1.2　函数的调用

函数定义好之后不会立即执行,只有被程序调用时才会生效。从案例 5-1 中我们可以看到函数调用的语句是"c＝fact(n)/(fact(m) * fact(n－m))"。由此可以看出函数调用的基本格式:

```
函数名(参数列表)
```

调用时,参数列表中给出实际要传入函数内部的参数,这类参数称为实际参数,即"实参"。实参可以是变量、常量、表达式、函数等。

在程序执行过程中,函数调用其实分成了 4 个步骤(如图 5-1 所示):

① 调用程序在调用处暂停执行;

② 在调用时将实参复制给函数的形参;

③ 执行函数体语句;

④ 函数结束时给出返回值,程序回到调用前暂停处继续执行。

主程序顺序执行到"c＝fact(n)/(fact(m) * fact(n－m))"时暂停,转到函数 fact()。将实参 n 复制并传递给形参 a。执行函数 fact() 中的语句。函数执行结束时,得到返回值 f,回到主程序"c＝fact(n)/(fact(m) * fact(n－m))",得到 fact(n)的值。以同样的方式再次暂停,调用函数求得 fact(m)、fact(n－m)的值。回到主程序"c＝fact(n)/(fact(m) * fact(n－m))",继续往下执行 print(c)。

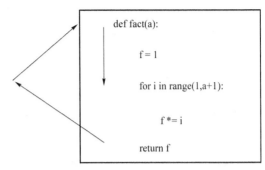

图 5-1　函数调用与返回过程

5.2　参数的传递

函数的参数传递是指将实参传递给形参的过程,比如案例 5-1 中定义时形参为 a:fact(a),调用时实参为 n:fact(n),这个过程就是将实参 n 的值传递给形参 a。在 Python 中函数支持以多种方式传递参数,包括位置传递、关键字传递、默认值传递、包裹传递、解包裹传递以及混合传递。下面主要介绍参数的位置传递和关键字传递。

5.2.1　参数的位置传递

在调用函数时,默认的是按位置传递参数。实参按位置顺序传递给形参,即第 1 个实参传递给第 1 个形参,第 2 个实参传递给第 2 个形参,以此类推。

【案例 5-2】　编写一个函数,用来判断两个数的大小,并输出较大的数。

```
def fmax(a,b):
    if a >= b:
        print("较大的数是{}".format(a))
    else:
        print("较大的数是{}".format(b))
m = eval(input())
n = eval(input())
fmax(m,n)
```

案例 5-2 中函数有 2 个形参:a、b。调用函数时传入两个实参:m、n。fmax(m,n)这种方式就是按位置进行参数的传递,m 传给 a,n 传给 b,如图 5-2 所示。

图 5-2　参数的传递

注意：通过位置传递参数时，实参的个数必须与形参的个数完全一致，否则程序就会出现异常。

5.2.2　参数的关键字传递

如果函数中的形参数目较多，开发者很难记住每个参数的作用，这时可以使用关键字方式传递参数。

关键字传递方式：形参变量名＝实参。

这种方式根据形参的名称来实现参数的传递，它允许实参和形参的位置顺序不一致。

【案例 5-3】 定义一个函数，求长方体的表面积。

```
def area(l,w,h):
    return 2 * (l * w + l * h + w * h)
a, b, c = eval(input("请用逗号隔开输入长方体的长、宽、高"))
s = area(w = b, l = c, h = a)
print("长方体的表面积为:", s)
```

通过关键字方式传递参数时，无须关心定义函数时参数的顺序，直接在传递时指定对应的名称。

5.2.3　可选参数和可变数量参数

1. 可选参数

函数在定义的时候，有些参数直接设定了默认值，即部分参数不一定需要调用程序输入。当函数被调用时，如果没有传入对应的参数值，则使用函数定义时的默认值。

基本形式：函数名(参数＝默认值)。

如定义一个函数，求圆的面积。

```
def area(r, pi = 3.14):
    return pi * r * r
print('圆的面积是:',area(10))
```

以上函数定义时有两个参数，其中形参 pi 指定了默认值，即 pi＝3.14。在调用时只传递了一个参数值 area(10)，则会将参数值 10 传递给形参 r，而形参 pi 则使用定义时指定的默认值 3.14。这个函数调用时也可以传递两个参数，如 area(10, 3.1415)，形参 pi 将会使用传递的参数值 3.141 5。

注意：由于函数调用时一般按顺序传递参数，所以可选参数必须定义在非可选参数后面。上例函数 area( ) 中带默认值的可选参数 pi 就必须定义在 str 参数后面。

2. 可变数量参数

在函数定义时，也可以设计可变数量参数，通过在参数前面加星号(＊)实现。带有星号的可变数量参数只能出现在参数列表的最后。调用时，这些参数当作元组类型传递到函数中。

定义一个函数，对指定整数以内的数累加求和。

```
def Sum(n, * b):
    s = 0
```

```
    for i in range(1, n+1):
        s += i
    for item in b:
        s += item
    return s
print(Sum(5,6,7))
```

Sum()函数定义了一个可变参数 b,调用函数 Sum() 时,输入数据(6,7)被当作元组传递给 b,与 n 以内的数值之和进行累加后输出。

n=5,累加和为 1+2+3+4+5=15。

b=(6,7),与上面的和 15 累加:15+6+7=28。

程序运行的最终结果为 28。

【案例 5-4】 绘制新冠病毒,效果如图 5-3 所示。

图 5-3 新冠病毒

案例分析:

从图 5-3 中可以找到画图的规律,图的基本组成元素是 ⌐●,区别在于圆的半径和直线的长度不同,因此可以将这个基本元素的画法封装在函数中,给函数传递不同的半径值和直线长度值,则可实现新冠病毒的画法。

基本元素的画法是先画圆弧,右转 90°,画直线,右转 90°,画圆,右转 90°,画直线,右转 90°。基本元素一共出现了 16 次,由此可知圆弧的角度为 360°/16=22.5°。

实现代码:

```
import turtle as t
def virus(r1, r2, d):
    t.circle(r1, 22.5)
    t.right(90)
    t.fd(d)
    t.right(90)
    t.circle(r2)
    t.right(90)
    t.fd(d)
    t.right(90)
t.color('red','pink')
t.pensize(5)
t.begin_fill()
for i in range(8):
```

```
        virus(80, 12, 50)
        virus(80, 6 ,20)
    t.end_fill()
    t.hideturtle()
    t.done()
```

5.3　函数的返回值

函数的返回值语句 return 是可选项,可以出现在函数体中的任何位置,它的作用是结束并退出当前函数,将程序返回到函数被调用时的位置继续执行,同时将函数中的数据返回给主程序。

return 语句可以同时将 0 个、1 个或多个函数运算后得到的结果返回给函数调用处的变量。当有多个返回值时,会形成一个元组,如:

```
def Mult(n):
    s = 0
    m = 1
    for i in range(1,n + 1):
        s += i
        m *= i
    return s,m
Sum, Mul = Mult(5)
print("累加之和:{},阶乘之积:{}".format(Sum,Mul))
T = Mult(6)
print(type(T))
```

运行结果是:

```
累加之和:15,阶乘之积:120
<class'tuple'>
```

函数 Mult() 有两个返回值 s、m,调用这个函数时会得到两个数值。可以用两个变量来接收返回值,也可以用一个变量来接收返回值,此时变量的数据类型将会是一个元组类型。

函数可以没有返回值,即没有 return 语句。如在案例 5-2 中,没有 return 语句,则会在函数体语句运行完成后退出函数。

5.4　变量的作用域

Python 中的变量不是在哪个位置都可以访问的,具体的访问权限取决于定义变量的位置。变量所处的有效范围称为变量的作用域。

根据变量作用域的不同,可以将变量分为两类:全局变量和局部变量。

全局变量是指在函数之外定义的变量,一般没有缩进,在程序执行的全过程有效。

局部变量是指在函数内部定义的变量,仅在函数内部有效,一旦退出函数,变量就不再存在。

在函数中使用全局变量时,一般会使用 global 声明。

下面通过几个例子的运行结果来理解全局变量和局部变量的使用。

```
n = 1
def fun(a,b):
    n = a * b    #此处 n 是与全局变量同名的局部变量
    return a + b
s = fun(10,12)
print(s, n)
```

运行结果：

```
22  1
```

从运行结果中可以看出，尽管调用了函数，但变量 n 的值并未发生改变。原因是：虽然在主程序中声明了全局变量 n，但是在函数中并没有使用 global 关键字声明，而函数 fun() 有自己的内存空间，其会将"n＝a＊b"理解为生成一个局部变量 n，并将两个参数之积赋给它。所以在函数中出现的变量 n 其实是一个局部变量，跟全局变量 n 是两个完全不同的独立变量。

```
n = 1
def fun(a,b):
global n      #此处 n 是全局变量
    n = a * b
    return a + b
s = fun(10,12)
print(s, n)
```

运行结果：

```
22  120
```

从运行结果可以发现，变量 n 的值经过函数调用后发生了变化。这是由于在函数体中使用 global 关键字声明了变量 n 是全局变量，变量 n 在主程序和函数体中使用的是同一个内存空间，故而在调用函数时会改变内存空间中的值。

```
ls = []      #创建一个全局列表变量
def fun(a,b):
ls.append( a * b )   #此处 ls 是全局变量
    return a + b
s = fun(10,12)
print(s, ls)
```

运行结果：

```
22  [120]
```

从这个运行结果可以发现，没有使用 global 声明列表变量 ls，但是它的值在函数调用后居然发生了改变。原因是列表是组合数据类型，会对多个数据进行操作，它的使用有创建和引用的区别。当列表被方括号（[ ]）赋值时，列表就会被真实地创建，否则就是对之前创建出来的列表进行引用。而普通数据类型变量的赋值没有创建和引用的区分。

在函数体中，虽然没有使用 global 声明的列表变量 ls，但是出现 ls. append(a＊b) 语句时，仅是对列表 ls 进行引用。而函数体中没有创建过这个名称的列表，fun() 函数就会进一步去寻找全局内存空间,当在全局内存空间找到变量 ls 后,则会自动关联全局 ls 列表,并对其内容进行修改。

简单而言,对于列表类型,函数可以直接使用全局列表,而不需要采用 global 进行声明。

```
ls = []        # 创建一个全局列表变量
def fun(a,b):
ls = []        # 此处 ls 是局部变量
ls.append( a * b )
    return a + b
s = fun(10,12)
print(s, ls)
```

运行结果:

```
22  []
```

在函数体中创建了一个局部变量 ls,虽然名称与全局变量相同,但是出现了方括号([ ])赋值,列表就会真实地在 fun() 函数的内存空间中被创建,语句 ls.append(a * b) 修改的就会是 fun() 函数内存空间的 ls 变量值,而不是全局变量 ls 的值。故全局变量 ls 的值仍然是空的。

由此,可以总结一下 Python 函数对变量的作用要遵守的原则。

① 简单数据类型变量无论是否与全局变量重名,仅在函数内部创建和使用。函数退出后,变量就会被释放,而同名的全局变量不受函数调用影响。

② 简单数据类型变量在使用 global 保留字声明后,作为全局变量使用,函数退出后,该变量仍被保留,且数值被函数改变。

③ 对于组合数据类型的全局变量,如果在函数内部没有被真实地创建同名变量,则在函数内部可以直接使用并修改全局变量的值。

④ 如果函数内部真实地创建了组合数据类型变量,无论是否与全局变量同名,函数仅对内部的局部变量进行操作,函数退出后局部变量被释放,而全局变量的值不受函数影响。

5.5 匿 名 函 数

匿名函数是一类无须定义标识符的函数,它与普通函数一样可以在程序的任何位置使用,但是在定义时被严格限定为单一表达式。Python 中使用关键字 lambda 来定义匿名函数。

语法格式:

```
<函数名> = lambda <参数列表>:表达式
```

这个语句等价于正常函数的定义:

```
def 函数名(参数列表):
return 表达式
```

与普通的函数相比,lambda 函数的体积更小、功能单一,用于定义简单的、能在一行内表示的函数,返回一个函数类型。

lambda 函数与普通函数的区别:

① 普通函数在定义时有名称,lambda 函数没有。

② 普通函数的函数体中可以包含多条语句,而 lambda 函数只能是一个表达式。

③ 普通函数可以实现比较复杂的功能,而 lambda 函数功能简单。

④ 普通函数能被其他程序调用,而 lambda 函数不能被其他程序调用,经常用一个变量来保存它,以便后期可以随时使用这个函数。

当匿名函数用变量来保存时,这个变量可以作为匿名函数的临时名称来调用。示例如下:

```
>>> f = lambda x, y: x + y
>>> f(10,20)
30
>>> temp = lambda x : pow(x,2)
>>> temp(10)
100
```

lambda 函数经常会用在多维列表的排序中。如对二维列表按第二列分别升序、降序排序,示例如下:

```
>>> ls = [['a',100],['b',10],['c',30],['d',90],['e',50]]
>>> ls.sort(key = lambda x :x[1])
[['b', 10], ['c', 30], ['e', 50], ['d', 90], ['a', 100]]

>>> ls.sort(key = lambda x :x[1],reverse = True)
[['a', 100], ['d', 90], ['e', 50], ['c', 30], ['b', 10]]
```

5.6　函　数　应　用

【案例 5-5】　日历的输出。

通过输出年份和月份,显示出指定月份的日历。运行效果如图 5-4 所示。

2020年1月份日历

Sun	Mon	Tues	Web	Thur	Fri	Sat
			1	2	3	4
5	6	7	8	9	10	11
12	13	14	15	16	17	18
19	20	21	22	23	24	25
26	27	28	29	30	31	

图 5-4　日历效果图

案例分析:

① 想要显示日历,首先要知道是哪一年,而年份又分为闰年和平年。通过一个函数来实现闰年的判断。当年份能被 4 整除且不能被 100 整除和能被 400 整除时为闰年,其余为平年。定义函数的返回值:闰年返回 True,平年返回 False。

② 需要知道当前月有几天。通过定义函数获取每个月的天数。闰年时,2 月为 29 天;平年时,2 月为 28 天。其他月份中 1 月、3 月、5 月、7 月、9 月、10 月、12 月为 31 天,4 月、6 月、9 月、11 月为 30 天。

③ 确定一个起始的参考年份,如 1990 年,当前年的 1 月 1 日为星期一。定义一个函数,获取指定年、月到参考年、月的总天数,以确定每个月的 1 日是星期几。设定天数初值为 0,如果当年

为闰年,天数加 366 天,为平年,天数加 365 天。再加上当前年从 1 月到指定月份的天数。

④ 在主函数中先输入年份和月份,再调用函数。由于要将日期按星期进行排列,一周为 7 天,需定义一个计数器,初值为 0,用来控制输出换行,当数值能被 7 整除时则换行。

⑤ 再确定日历的输出顺序,必须先确定 1 日的星期位置。如果将星期一排在第一个,则直接用总天数对 7 整除取余数(total_days(year,month)%7)。如果将星期日排在第一个输出,则将总天数加 1 再对 7 整除取余数((total_days(year,month)+1)%7)。1 日之前的星期位置需要空出来,所以就直接输出间隔符,每输出一个间隔符,都需要对计数器加 1。

⑥ 最后从 1 日按序输出日期,每输出一个日期,计数器就加 1,当计数器的值能被 7 整除时,则换行。

日历设计程序图如图 5-5 所示。

图 5-5 日历设计程序图

```
'''
*   函数名:leap_year()
*   函数功能:判断指定年是否为闰年
*   参数:年份
*   返回值:True 或 False
'''
def leap_year(year):
    if (year % 4 == 0 and year % 100 != 0) or year % 400 == 0:
        return True
    else:
        return False
```

```
'''
*    函数名:month_days()
*    函数功能:获取每个月的天数
*    参数:年份、月份
*    返回值:返回指定月份的天数
'''

def month_days(year,month):
    if month == 2:
        if leap_year(year):
            return 29
        else:
            return 28
    elif month in [1,3,5,7,8,10,12]:
        return 31
    else:
        return 30
'''
*    函数名:total_days()
*    函数功能:获取从当前年到1990年的总天数
*    参数:年份、月份
*    返回值:从1990年到当前年份的总天数
'''

def total_days(year,month):
    days = 0
    for i in range(1990,year):
        if leap_year(i):
            days += 366
        else:
            days += 365
    for i in range(1,month):
        days += month_days(year,i)
    return days
#主程序
if __name__=='__main__':
    year = 2018
    month = 10
    print('\t\t{}年{}月份日历'.format(year,month))
    print('Sun\t Mon\t Tues\t Web\t Thur\t Fri\t Sat')
    print('--------------------------------')
    count = 0
#当前月份的1日是星期几,将前面的星期位置空出来
    for i in range((total_days(year,month) + 1) % 7):
        print(end='\t')
        count += 1
```

```
# 按星期位置输出每个月的天数
for i in range(1,month_days(year,month) + 1):
    print(i,end = '\t')
    count += 1
    if count % 7 == 0:
        print()
```

5.7 函数的递归

函数作为一种代码封装,可以被其他程序调用,当然也可以在函数本身内部代码中被调用,即自己调用自己。这种函数定义中调用函数自身的方式称为递归。

递归就像是一个人站在装满镜子的房间中,看到的影像就是递归的结果。

递归在数学和计算机应用上非常强大,能够非常简洁地解决重要问题。

在前面案例中我们定义了数学中求阶乘的函数,其实这是一个经典的递归例子。阶乘的定义如下:

$$n! = n(n-1)(n-2)\cdots 1$$

在前面的函数定义中,我们使用一个简单的循环累乘来实现阶乘的计算。但是仔细观察这个公式,比如计算 5!,可以变成 $5! = 5 \times 4!$,如果去掉 5,那就只需计算 4!,依次类推,就会发现 $n! = n(n-1)!$,这时可以有另一种表示阶乘的公式:

$$n! = \begin{cases} 1, & n=0 \\ n(n-1)!, & 其他 \end{cases}$$

从这个定义中可以看出,0 的阶乘是 1,其他数的阶乘是这个数乘以比这个数字小 1 的数的阶乘。

递归的基本思想是将一个复杂的问题转换为若干个子问题,子问题的形式和结构与原问题相似,求出子问题的解之后根据递归关系就可以获得原问题的解。

递归有两个基本要素。

① 基例:子问题的最小规模,用于确定递归何时终止,也称为递归的出口。

② 链条:即递归模式,将复杂问题分解成子问题的基础结构,也称为递归体。

递归函数的一般形式为:

```
def 函数名(参数列表):
    if 基例:
        return 基例结果
    else:
        return 递归体
```

上例求阶乘不用循环,而改用递归来解决,就是每次递归都是计算比它更小数的阶乘,直到 1!。1! 是已知的值,称为递归的基例。递归的链条就是 $n! = n(n-1)!$。依据递归函数的一般形式,可以写出求阶乘的代码:

```
def fact(n):
    if n == 1:
        return 1
    else:
        return n * fact(n-1)
num = eval(input('请输入一个正整数:'))
print('{}的阶乘是:{}'.format(num, fact(num)))
```

fact()函数在定义时内部引用了自身,形成了递归过程,而无限制的递归将耗尽计算资源,因此必须设计基例,使得递归逐层返回。函数体中用到了 if 语句给出的 n 为 1 时的基例,一旦递归层到了 $n=1$ 时,fact()不再递归,返回数值 1。

递归过程如图 5-6 所示。

图 5-6 递归过程

递归遵循函数的语义,每次调用都会引起新函数的开始,表示它有本地变量值的副本,包括函数的参数。每次调用时,函数参数的副本都会临时存储,递归中各函数再运算自己的参数,相互没有影响,当基例结束运算并返回值时,各函数逐层结束运算,向调用者返回计算的结果。

程序运行结果如下:

```
>>>
请输入一个正整数:5
5 的阶乘是:120
```

注意:使用递归,一定要注意基例的构建,否则递归无法返回,将会报错。

在数学中,有一个非常有名的数列(斐波那契数列),可以使用递归来实现。斐波那契数列的公式如下:

$$F(n) = \begin{cases} n, & n=1,2 \\ F(n-1)+F(n-2), & n \geqslant 3 \end{cases}$$

使用递归函数来实现,代码如下:

```
def Fib(n):
    if n == 1 or n == 2:
        return 1
    else:
```

```
            return Fib(n - 1) + Fib(n - 2)
num = eval(input('请输入一个正整数：'))
print('长度为{}的斐波那契数列为：'.format(num))
for i in range(1,num + 1)：
    print(Fib(i),end = '')
```

运行结果：

```
>>>
请输入一个正整数：12
长度为 10 的斐波那契数列为：
1,1,2,3,5,8,13,21,34,55,
```

斐波那契数列是由数学家昂纳多·斐波那契以兔子的繁殖为例子而引入的,故也称为"兔子数列"。兔子的繁殖故事是这样的：一般兔子出生两个月后就有繁殖能力,一对兔子每个月能生出一对小兔子,如果所有的兔子不死,那么一年后有多少对兔子。兔子的繁殖示意图如图 5-7 所示。

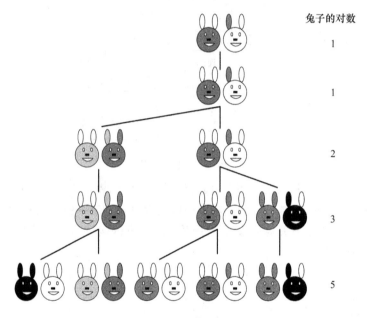

图 5-7　兔子的繁殖示意图

兔子数量统计如表 5-1 所示。

表 5-1　兔子数量统计

月份数	0	1	2	3	4	5	6	7	8	9	10	11	12
幼崽对数	1	0	1	1	2	3	5	8	13	21	34	55	89
成兔对数	0	1	1	2	3	5	8	13	21	34	55	89	144
总对数	1	1	2	3	5	8	13	21	34	55	89	144	233

【案例 5-6】 理财计划。

银行推出了一款理财计划"重复计息储蓄"。储户只需在每个月月初存入固定金额的现金,银行就会在每个月月底根据储户账户内的金额算出该月的利息并将利息存入用户账号。现在如果某人每月存入 k 元,请计算一下,n 月后,他可以获得多少收益。

输入数据仅一行,包括两个整数 $k(100 \leqslant k \leqslant 10\ 000)$、$n(1 \leqslant n \leqslant 48)$ 和一个小数 $p(0.001 \leqslant p \leqslant 0.01)$,分别表示每月存入的金额、存款时长、存款利息。

案例分析:

根据题目要求,可以列出收益规律表,如表 5-2 所示。

表 5-2　收益规律表

月份数	1	2	3
月初	k	f(1)+k	f(2)+k
月末	f(1)=k*(1+p)	f(2)=(f(1)+k)*(1+p)	f(3)=(f(2)+k)*(1+p)
收益	k*p	f(2)−2*k	f(3)−3*k

程序代码:

```
k,n,p = map(eval,(input().split()))
t = 0
sum = 0
for i in range(n):
    sum = (sum + k) * (1+p)
sh = sum - k * n
sh = int(sh * 100)
print('{}月后的收益是:{:.2f}'.format(n, sh /100))
```

用递归实现:

```
def profit(n,k,p):
    if n == 1:
        return k * (1 + p)
    else:
        return (profit(n-1,k,p) + k) * (1 + p)
k,n,p = map(eval,(input().split()))
rate = profit(n,k,p) - k * n
rate = int(rate * 100)
print('{}月后的收益是:{:.2f}'.format(n, rate /100))
```

【案例 5-7】　汉诺塔。

有 3 个立柱 A、B、C。A 柱上有大小不等的圆盘 n 个,较大的圆盘在下,较小的圆盘在上。要求把 A 柱上的圆盘全部移到 C 柱上,遵循大圆盘在下、小圆盘在上的规律(可借助 B 柱)。每次移动只能把一个柱子最上面的圆盘移到另一个柱子的最上面。请输出移动过程。

案例分析:

这是动态规划问题中的一种。移动规则:

- 规则一,每次移动一个圆盘。
- 规则二,任何时候都是大圆盘在下面,小圆盘在上面。

实现方法:

（1）当 $n=1$ 时

直接把 A 上的一个圆盘移动到 C 上，即 A→C，如图 5-8 所示。

图 5-8　一个圆盘的移动

（2）当 $n=2$ 时

先把小圆盘从 A 放到 B 上，即 A→B。再把大圆盘从 A 放到 C 上，即 A→C。最后把小圆盘从 B 放到 C 上，即 B→C，如图 5-9 所示。

图 5-9　两个圆盘的移动

（3）当 $n=3$ 时

先把 A 上的两个圆盘，通过 C 移动到 B 上去，调用递归实现。再把 A 上剩下的一个最大圆盘移动到 C 上，A→C。最后把 B 上的两个圆盘借助 A，挪到 C 上去，调用递归实现。

（4）当 $n=n$ 时

先把 A 上的 $n-1$ 个圆盘借助 C，移动到 B 上去，调用递归实现。再把 A 上的最大圆盘，也是唯一一个，移动到 C 上，A→C，即递归出口的条件。最后把 B 上的 $n-1$ 个圆盘借助 A，移动到 C 上，调用递归实现。

在移动中得到递归出口的方法是：将最后的大圆盘从 A 移动到 C。

递归的链条是：某柱上的 $n-1$ 个圆盘借助另一柱，移动到指定柱上去。

实现代码如下：

```
step = 0
def hanio(n,left,mid,right):              #利用 mid 作辅助，把 left 的盘子移动到 right 上去
    global step
    if n == 1：
        print('第{}个：{}--  {}'.format(n,left,right))
        step += 1
    else：
        hanio(n-1,left,right,mid)    #利用 right 作辅助，把 left 的盘子移动到 mid 上去
        print('第{}个：{}--  {}'.format(n,left,right))
        step += 1
        hanio(n-1,mid,left,right)    #利用 left 作辅助，把 mid 的盘子移动到 right 上去
hanio(3,'A','B','C')
print('总移动次数：',step)
```

运行结果如下：

```
第 1 个:A --> B
第 2 个:A --> C
第 1 个:B --> C
第 3 个:A --> B
第 1 个:C --> A
第 2 个:C --> B
第 1 个:A --> B
总移动次数:7
```

5.8 迭 代

从直观上讲,递归是指将大问题化为相同结构的小问题,从待求解的问题出发,一直分解到已知答案的最小问题为止,然后再逐级返回,从而得到大问题的解(就像一棵分类回归树 tree,从 root 出发,先将 root 分解为另一个(root,sub-tree),就这样一直分解,直到遇到 leaf 后逐层返回),过程如图 5-10 所示。

图 5-10 递归过程

迭代则是从已知值出发,每次将前一步已知的赋值传递给后一步,可以循环地使用同一段代码来递推,不断更新变量值,一直到能够解决要求解的问题为止。迭代过程如图 5-11 所示。

图 5-11 迭代过程

迭代与普通循环的区别是:循环代码中参与运算的变量同时是保存结果的变量,当前保存的结果作为下一次循环计算的初始值。

迭代难以理解但效率高,递归易于理解但效率低,死递归会造成栈溢出,内存开销大。

递归算法从思想上更加贴近人们处理问题的思路,而且所处的思想层级算是高层(神),而迭代则更加偏向底层(人),所以从执行效率上来讲,底层(迭代)往往比高层(递归)高,但高层(递归)却能提供更加抽象的服务,更加简洁。

使用迭代算法要解决 3 个方面的问题。

(1) 迭代变量的确定

在可以用迭代算法解决的问题中,至少存在一个直接或间接不断由旧值递推出新值的变量,称为迭代变量。

(2) 建立迭代关系式

迭代关系式是指从变量的前一个值推出其下一个值的公式(或关系)。

（3）对迭代过程进行控制

迭代过程的控制通常分为两种情况：一种是所需的迭代次数是个确定的值，可以计算出来，这时可以使用一个固定的循环来控制迭代过程；另一种是所需的迭代次数无法确定，这时应进一步分析结束迭代过程的条件。

迭代函数的一般形式为：

```
def 函数名(参数列表):
    变量1,变量2,… = 值1,值2,…
    循环:
        变量n = 变量1 操作符  变量2 操作符  …
        变量1,变量2,… = 变量2,…,变量n
    return   函数名 n
```

【案例 5-8】 母牛的故事。

有一头母牛，它每年年初生一头小母牛。每头小母牛从第四个年头开始，每年年初也生一头小母牛。请编程计算在第 n 年的时候，共有多少头母牛？

案例分析：

参考兔子数量的算法，也列出一个表格，计算出每一年母牛的数量，然后在这些数字之间找出规律，如表 5-3 所示。

表 5-3　母牛数量

第 n 年	1	2	3	4	5	6	7	8	9
小母牛数	0	1	2	3	4	6	9	13	19
母牛数	1	1	1	1	2	3	4	6	9
总牛数	1	2	3	4	6	9	13	19	28

- 前 4 年没有小牛产子，每年数量与年数对应。
- 第 4 年，对应有 4 头母牛，4＝3＋1。
- 第 5 年，对应有 6 头母牛，6＝4＋2。
- 第 6 年，对应有 9 头母牛，9＝6＋3。

由此可以看出数量是有规律可循的，该年母牛的数量就是一年前的数量再加上三年前的数量，用公式表示就是 $F[n]=F[n-1]+F[n-3]$。

基例为前三年的母牛数量，$F(1)=1,F(2)=2,F(3)=3$。

链条为 $F[n]=F[n-1]+F[n-3]$。

用递归函数实现：

```
import time
t = time.perf_counter()    #记录程序运行起始时间
def cow(m):
    if m <= 3:
        return m
    else:
        return cow(m - 1) + cow(m - 3)

n = 40   # n 表示年数
```

```
print('第{}年的母牛数量为:{}'.format(n,cow(n)))
print('用时:', time.perf_counter() - t)
```

运行结果:

```
>>>
第 40 年的母牛数量为:3914488
用时:0.5268285994384314
```

改成迭代实现:

```
import time
t = time.perf_counter()    #记录程序运行起始时间
def f(n):
    f1, f2, f3 = 1, 2, 3
    if n <= 3:
        return n
    else:
        for i in range(3,n):
            fn = f3 + f1
            f1, f2, f3 = f2, f3, fn
    return fn

n = 40    #年数
print('第{}年的母牛数量为:{}'.format(n,f(n)))
print('用时:',time.perf_counter() - t)
```

运行结果:

```
第 40 年的母牛数量为:3914488
用时: 0.000294346091777769744
```

从两个程序的运行结果看,计算同样多的数量,递归需要占用更多的内存,执行的效率也低。数据量越大,差别越明显。

从程序的设计来看,递归就是不停地自己调用自己,从根一层一层往叶分解:return cow(m-1)+cow(m-3)。而迭代则使用交换赋值的形式,复用循环从叶一层一层往根传递值:f1, f2, f3 = f2, f3, fn。

5.9 代码复用与模块化编程

5.9.1 模块化编程

从前面的案例中我们发现函数可以通过封装实现代码复用。函数是程序的一种抽象,可以利用函数对程序进行模块化设计。

　　程序是由一系列代码组成的，如果代码是顺序的但无组织，不仅不利于阅读和理解，也很难进行升级和维护。因此，需要对代码进行抽象，形成易于理解的结构。

　　当代编程语言从代码层面采用函数和对象两种抽象方式，分别对应面向过程和面向对象编程思想。

　　函数是程序的一种基本抽象方式，它将一系列的代码组织起来，通过命名供其他程序使用。函数封装的直接好处是代码复用。具体表现在任何其他的代码只要使用函数名，输入参数即可调用函数，从而避免了相同功能代码在调用处的重复编写。

　　代码复用又产生另一种优势，当更新函数功能时，所有被调用处的功能都被更新。

　　面向过程是一种以过程描述为主要方法的编程方式，它要求程序员列出解决问题所需要的步骤，然后用函数将这些步骤一步一步实现，使用时依次建立并调用函数或编写语句即可。面向过程编程是一种基本且自然的程序设计方法，函数通过封装步骤或子功能实现代码复用，并简化程序设计难度。

　　面向对象是一种更为高级的抽象方式。对象是程序的一种高级抽象方式，它将程序代码组织为更高级别的类。对象包括对象特征的属性、代表对象操作或行为的方法。如汽车是一个类，将类实例化即对象，一辆红旗汽车是一个对象。车的颜色、车型、轮胎数量等是属性，代表汽车的静态值。汽车前进、后退、转变等是方法，代表汽车的行为和动作。

　　在程序设计中，如果 <a> 是对象，获取对象< a >的属性< b >用 < a. b > 的形式，调用对象< a >的方法< c >用 < a. c()> 的形式，如前面学字符串时，若字符串为< abcd '>，调用它的大写方法用< abcd '. upper()>。

　　对象是程序模拟解决计算问题的一个高级别抽象，它包括一组静态值（属性）和一组函数（方法）。从代码行数的角度来看，对象和函数都使用了一个容易理解的抽象逻辑，但对象可以凝聚更多代码。因此，面向对象编程更适合代码规模大的、交互逻辑更复杂的程序。

　　面向过程和面向对象只是编程方式不同，抽象级别不同，所有面向对象编程能实现的功能采用面向过程同样能实现。

　　当程序较长时，如百行以上，如果不划分模块，程序的可读性就会非常差。解决这一问题最好的方法就是将一个程序分隔成短小的程序段，每一段程序完成一个小的功能。无论是面向过程编程，还是面向对象编程，对程序合理划分功能模块并基于模块设计程序是一种常用的方法，称为"模块化程序设计"。

　　模块化程序设计是指通过函数或对象的封装功能将程序划分成主程序、子程序和子程序间关系的表达。模块化程序设计是使用函数和对象设计程序的思考方法，以功能块为基本单位，一般有两个基本要求。

　　① 高内聚。尽可能合理划分功能块，功能块内部耦合紧密。

　　② 低耦合。模块间尽可能简单，功能块之间耦合度低。

　　耦合是指两个实体相互依赖对方的一个量度，在程序设计结构中是指各模块之间相互关联的程序。

　　也就是在设计系统的各个功能模块时，尽可能使模块具有较大的独立性，使得每个模块都完成一个相对独立的特定子功能，并且和其他模块之间的关系很简单，以便能把不同场合下写成的程序模块组合成软件系统。

　　衡量模块独立性的定性标准是内聚（一个模块内各个元素彼此结合的紧密程度）和耦合（一个软件结构内不同模块之间互连程度的度量）。高内聚、低耦合的模块是设计时追求的目标。尽量降低系统各个部分之间的耦合度,是应用服务层设计中需要重点考虑的问题。

模块化编程可采用以下步骤进行:

① 分析问题,明确需要解决的任务;

② 对任务进行逐步分解和细化,分成若干个子任务,每个子任务只完成部分完整功能,并且可以通过函数来实现;

③ 确定模块(函数)之间的调用关系;

④ 优化模块之间的调用关系;

⑤ 在主函数中进行调用实现。

模块与模块之间可以相互调用。假定模块 1、模块 2 的程序文件分别在同一个目录下,保存的文件名为< module1. py >、< module2. py >,则模块 2 调用模块 1 的形式有:

① import module1;

② from module1 import ＊。

例如,创建 python 文件 a. py,并在文件中定义函数 sum():

```
def sum(a, b):
    return a + b
```

创建 python 文件 b. py,并调用 sum()函数:

```
from a import sum
print(sum(1, 2))
```

5.9.2　程序入口

学过 Java、C、C++的程序员应该都知道,每次开启一个程序,都必须写一个主函数作为程序的入口,也就是我们常说的 main()函数。

与 Java、C、C++等几种语言不同的是,Python 是一种解释型脚本语言,在执行之前要将所有代码先编译成中间代码,Python 程序运行时是从模块顶行开始的,逐行进行翻译并执行,所以最顶层(没有被缩进)的代码都会被执行,Python 中并不需要一个统一的 main()作为程序的入口。

相信大家在看别人的 Python 程序时,可能会在大部分的程序后看到这样一句代码:

```
if __name__ == '__main__':
```

在某种意义上讲,"if __name__ =='__main__':"像是一个标志,象征着 Java 等语言中的程序主入口,告诉其他程序员,代码入口在此——这是"if __name__ =='__main__':"这条代码的意义之一。

在 Python 中,如果代码写得规范一些,通常会写上"if __name__ =='__main__':"作为程序的入口,但似乎没有这么一句代码,程序也能正常运行。

总的来说,这句代码的作用是既能保证当前的. py 文件直接运行,也能保证其可以作为模块被其他. py 文件导入。

下面通过几个例子帮助大家理解这句代码。

```
>>> print(__name__)
__main__
```

通过输出 __name__ 得到 __main__。这说明 __name__ 本身其实就是一个变量,不过比较特殊。实际上,它是在程序执行前就被创建并赋值的,而赋值的机制是这里的关键。在当前程序被当作主程序运行时,__name__ 被自动赋值为固定的字符串 __main__;当它被当作模块被其他文件调用时,自动被赋值为模块所在的文件名。

定义一个函数,并保存为文件 hello.py:

```
#hello.py
def printhello():
    print("Hello World")


if __name__ == '__main__':
    printhello()
```

输出结果:

```
Hello World
```

将上例 hello.py 中的判断语句"if __name__ == '__main__':"去掉,保存为 hello2.py,发现程序照样可以运行,且输出与带有判断语句的程序一样:

```
#hello2.py
def printhello():
    print("Hello World")


printhello()
```

输出结果:

```
Hello World
```

但当它不要判断语句"if __name__ == '__main__':"且它作为模块导入时,输出的结果可能就与大家想象中的有点偏差了。

下面同样将 hello.py 和 hello2.py 作为模块导入,来查看结果的区别。

```
#导入有判断句的 hello.py 模块
from hello import printhello
printhello()
```

运行结果:

```
Hello World
```

```
#导入无判断句的 hello2.py 模块
from hello2 import printhello
printhello()
```

运行结果:

```
Hello World
Hello World
```

从两个模块导入后运行的结果可以看出,有判断语句"if __name__ == '__main__':",函数模块只运行一次,而没有判断语句,函数模块则运行了两次。

原因在于当不带判断语句的 hello2.py 文件作为模块被引入时,printhello()函数已经自动执行了一次(from hello2 import printhello),之后在被主动调用时执行了一次〔printhello()〕,所以一共执行了两次。

可见这句判断代码的作用就是既能保证当前的.py 文件直接运行,也能保证其可以作为模块被其他.py 文件导入,所以它可以在当前文件被当作一个模块,导入时发挥关键作用。

5.10　实　践　应　用

【案例 5-9】　猜数字游戏。

小明想设计一个猜数字的游戏,由系统产生一个 1~100 之间的随机数,用户输入所猜的数字,如果猜的数字不对,给出过大或过小的提示,如果猜的不是数字,则退出游戏。根据用户猜的次数,给出相应的奖励。如果 1 次猜中则为一等奖,5 次以内猜中为二等奖,10 次以内猜中为三等奖,15 次以内猜中为参与奖,超过 15 次就没有奖。每 5 次给出一次是否继续猜数的选择。

案例分析:

整体设计分为以下几步,将每一步设计成一个函数,然后在主函数中调用相应函数。

① 随机数产生与获取:导入随机数模块,利用 random.randint()函数产生随机整数。

② 获取猜测的数字:输入猜测的数字,利用异常处理对输入内容进行判断,如果输入的不是数字,给出提示。

③ 对猜测的数字进行判断:猜测的次数不确定,通过不定循环来实现,每猜一次,次数加 1。如果没有猜对数字给出相应的提示,当猜测的次数为 5 的倍数时,给出是否继续猜数的选择提示,根据用户选择判断是否退出游戏。

④ 根据猜测的次数给出相应的奖励:奖励判断分两种情况,一种是中途退出,则无奖品,另一种是根据猜测的次数给出相应的奖励。

实现代码:

```
import random
'''
* 函数名:randomNum()
* 功能:定义产生随机数[1,100]的函数
* 参数:无
* 返回值:返回产生的随机数
'''
def randomNum():
    return random.randint(1,100)
# 定义一个获取玩家猜数的函数
# 如果猜的不是数字,要给出相应处理(异常处理)
```

```
'''
* 函数名:guess()
* 功能:对用户输入的数字进行处理
* 参数:无
* 返回值:用户输入的数字
'''
def guess():
    try:
        Num = int(input('请输入你猜测的数字:'))
        return Num
    except:
        print('你猜的不是数字!')
        return '0'


'''
* 函数名:judge()
* 功能:对猜的数字进行比较判断
* 参数:用户猜测的数字
* 返回值:猜测的次数
'''
def judge(randNum):
    count = 0
    while True:
        num = guess()
        # 待处理非数值的情况
        count += 1
        if num == '0':
            return str(count)
            break
        elif randNum > num:
            print('太小了!')
        elif randNum < num:
            print('太大了!')
        else:
            print('恭喜你猜对了!')
            break
        prompt = {5:'二等奖',10:'三等奖',15:'所有奖品'}
        if count in prompt:
            print('你已跟{}无缘,是否要继续:Y/N:'.format(prompt[count]))
            choice = input()
            if choice.lower() != 'y':
                return str(count)
            else:
                continue
```

```
        return count
'''
* 函数名:getReward()
* 功能:根据猜的次数进行奖励判断
* 参数:猜测的次数
* 返回值:无
'''
def getReward(count):
    if type(count) == type('s'):
        print('很遗憾,中途退出,奖品飞了!')
    elif count == 1:
        print('一共猜了{}次,恭喜你获得一等奖!'.format(count))
    elif count <= 5:
        print('一共猜了{}次,恭喜你获得二等奖!'.format(count))
    elif count <= 10:
        print('一共猜了{}次,恭喜你获得三等奖!'.format(count))
    elif count <= 15:
        print('一共猜了{}次,恭喜你获得优胜奖!'.format(count))
    else:
        print('一共猜了{}次,很遗憾,你本次与奖品擦肩而过!'.format(count), end='')
# def main():
if __name__ == '__main__':
    print('*' * 40)
    print('*{:^29}*'.format('欢迎进入猜数字游戏'))
    print('*{:^31}*'.format('一次猜中赢大奖'))
    print('*' * 40)
    choice = input('是否要来挑战一局:Y/N: ')
    if choice.lower() == 'y':
        while True:
            randNum = randomNum()
            count = judge(randNum)
            getReward(count)
            reTry = input('是否还要再来一局:Y/N: ')
            if reTry.lower() == 'y':
                continue
            else:
                print('------感谢你的参与!------')
                break
```

运行结果:

```
****************************************
*          欢迎进入猜数字游戏          *
*            一次猜中赢大奖            *
****************************************
```

是否要来挑战一局：Y/N：y

请输入你猜测的数字：56

太大了！

请输入你猜测的数字：23

太小了！

请输入你猜测的数字：42

太大了！

请输入你猜测的数字：36

恭喜你猜对了！

一共猜了 4 次，恭喜你获得二等奖！

是否还要再来一局：Y/N：　n

————————————感谢你的参与！——————————

课 后 习 题

1. 计算质因子。输入一个整数，输出其所有质因子，按照从小到大的顺序排列。如输入 6，输出 6 的质因子，有 2、3。

2. 福尔摩斯从 X 星收到一份资料，全部是由小写字母组成的。他的助手提供了另一份资料：许多长度为 8 的密码列表。请你编写一个程序，从第一份资料中搜索可能隐藏密码的位置。要考虑密码的所有排列可能性。输入第一行：一个字符串 s，全部由小写字母组成，紧接着一行是一个整数 n，表示以下有 n 行密码。输出一个整数，表示每行密码的所有排列在 s 中匹配次数的总和。如第一行输入字符串 aaaabbbbaabbcccc，第二行输入数字 2，后面输入 n 行密码：aaaabbbb，abcabccc。程序运行得到的输出结果为 4。

3. 绘制科赫曲线，如图 5-12 所示。科赫曲线的基本概念和绘制方法如下：正整数 n 代表科赫曲线的阶数，表示生成科赫曲线过程的操作次数。科赫曲线初始化阶数为 0，表示一个长度为 L 的直线。对于直线 L，将其等分为三段，中间一段用边长为 L/3 的等边三角形的两个边替代，得到 1 阶科赫曲线，它包含 4 条线段。进一步对每条线段重复同样的操作，得到 2 阶科赫曲线。继续重复同样的操作 n 次，可以得到 n 阶科赫曲线。

图 5-12　科赫曲线

4. 设计一个学生通讯录管理系统。

5. 编程实现小学生四则运算练习项目。用户可以从菜单中选择某种运算进行练习，每次练习 10 道题；选择某项练习并完成后给出做对的题数，每小题练习后直接给出是否正确的提示。用户可以反复练习，直到选退出为止。由于是小学生，所以程序不能产生诸如不够减的减法、不能整除的除法、分母为 0 的除法等题目。

第6章 组合数据类型

问题导向

- 当程序中使用的多个数据是一个整体则如何处理？
- 有序、无序的数据集合怎么区别保存？
- 不同维度的数据如何组合成数据集？

重点与难点

- 组合数据类型的分类。
- 序列类型的特点及相应操作。
- 映射类型的特点及相应操作。

知识导图

Python 之旅——成员组队

一个人的力量是有限的，团结起来的力量是无限的。为了使 Python 的旅程更为精彩，Python 的旅行成员们可以按不同的方式进行组队，来增加团队力量。组队的主要方式有两种：一种是分配编号按顺序组队，另一种是无编号组队。

6.1　组合数据类型概述

计算机不仅对单个变量表示的数据进行处理,更多的情况是对一组数据进行批量处理。如对一个班级的学生信息进行处理,统计成绩;对一组单词进行管理,如{[python,蟒蛇],[data,数据],[function,函数],[list,列表]},输出相应的中英文,统计单词长度。

以学生信息为例,如果要统计学生信息,为每个学生都建立一个变量,则会需要非常多的变量名,如用 s01,s02,…,sn 等变量名来存储第一个,第二个,…,第 n 个学生的信息,如果一个学院的学生数量为 500,这种表示方式将是一场灾难。如果把这些学生信息看成一个数据整体,只用一个变量对应这个整体,涉及每一个学生时采用下标的形式,如 s 表示学生整体,s[0],s[1],…,s[n] 分别表示第一个,第二个,…,第 n 个学生的信息,则对于信息的访问就会变得简单易管理,并且能与循环操作结合。

在前面的章节中介绍了 Python 中有 3 种数字类型(整数、浮点数、复数)、一种字符串类型。这些类型一次仅能表示一个数据,这种表示单一数据的类型称为基本数据类型。然而实际计算中存在大量同时处理多个数据的情况,这就需要将多个数据组织起来,通过单一的表示使数据操作更有序、更容易。这种被组合成一个整体的数据集合称为组合数据类型。

组合数据类型能够将多个同类型或不同类型的数据组织起来,通过单一的表示使数据操作更有序、更容易,根据数据之间的关系,组合数据类型可分为 3 类:序列类型、集合类型、映射类型。

序列类型是一个元素向量,元素之间存在先后关系,通过序号进行访问,元素之间不排他,即可出现相同值的元素。如前面介绍过的字符串其实就是一个序列类型。序列类型就像一个编号的"数据收纳盒",能以一种规则的下标索引方式(收纳盒名字+数字序号)访问每个数据,如图 6-1(a)所示。

集合类型是一个元素的集合,元素之间无序,集合中每个元素值都具有唯一性。集合类型就像一个带有标签的容器,如图 6-1(b)所示。

映射类型是"键-值"数据项的集合,每个元素都是一个键值对,表示为(key, value),其中 key 具有唯一性。映射类型就像一个"标签收纳盒",给每个数据都贴上唯一的标签,可以通过具有特定意义的名字或记号来获得数据。如现实生活中的字典,可以通过标签(即关键字)来索引数据,如图 6-1(c)所示。

在 Python 中,每一类组合数据类型都对应一个或多个具体的数据类型,分类构成如图 6-2 所示。

6.2　序　列　类　型

序列类型是一维元素向量,元素之间存在先后关系,通过序号访问。序列的基本思想与表示方法均来源于数学概念。在数学中,会给每个序列起一个名字,用下标来表示对应的元素,如 $S = s_0, s_1, s_2, \cdots, s_{n-1}$。

在 Python 中很多数据类型都是序列类型,其中比较重要的是字符串(str)、元组(tuple)、

(a) 序列类型   (b) 集合类型

(c) 映射类型

图 6-1　组合数据类型

```
                          ┌──────────── 字符串(str)
              ┌─ 序列类型 ─┼──────────── 元组(tuple)
组合                      └──────────── 列表(list)
数据 ─┼─ 集合类型 ──────────────────── 集合(set)
类型  └─ 映射类型 ──────────────────── 字典(dict)
```

图 6-2　组合数据类型的分类

列表(list)。字符串可以看成一个单字符的有序组合,属于序列类型,同时也是一种基本数据类型。元组是包含 0 个或多个数据项的不可变序列类型,即元组一旦生成,任何数据项都不可替换或删除。列表则是一个可以修改数据项的序列类型,使用起来非常灵活。

　　只要是序列类型,都可以使用相同的索引体系,Python 中的序列支持双向索引,即正向递增索引和反向递减索引,如图 6-3 所示。

图 6-3　序列类型的索引体系

正向递增索引从左到右依次递增,第 1 个元素的索引号为 0,第 2 个元素的索引号为 1,以此类推。反向递减索引从右到左依次递减,最后一个元素的索引号为 −1,倒数第二个为 −2,以此类推。

序列类型有 12 个通用操作符和函数,如表 6-1 所示。

表 6-1　序列类型的通用操作符与函数

操作符与函数	描　述
x in s	如果 x 是 s 的元素,返回 True,否则返回 False
x not in s	如果 x 不是 s 的元素,返回 True,否则返回 False
s ＋ t	拼接序列 s 和 t
s * n 或 n * s	将序列 s 复制 n 次
s[i]	返回索引号为 i 的元素
s[i:j]	切片,返回序列中从第 i 个到第 j 个元素之间的子序列(不含第 j 个)
s[i:j:k]	步骤切片,返回 s 中第 i 个到第 j 个元素以 k 为步长的子序列
len(s)	序列 s 中元素的个数(长度)
min(s)	返回序列 s 中的最小值
max(s)	返回序列 s 中的最大值
s.index(x[,i[,j]])	序列 s 中从 i 位置开始到 j 位置结束第一次出现 x 的位置
s.count(x)	序列 s 中 x 出现的总次数

```
>>> s ='python'
>>>'y' in s
True
>>> s[1:5:2]
'yh'
>>> t = 'hello'
>>> t + s
'hello python'
>>> min(s)
'h'
>>> s.index('y')
1
>>> t.count('l')
2
```

6.2.1　元组类型

元组一旦创建就不能被修改。元组一般用于表达固定数据项、函数返回值、多变量同时赋值、循环遍历等。

Python 构建元组的方式非常简单,可以用 tuple() 函数构造,tuple() 函数中的参数是一个可迭代的数据,若没有传入参数,则创建空元组。

也可以直接用圆括号包含多个使用逗号隔开的元素来创建元组。非空元组的括号可以省略。

利用 tuple()创建非空元组：

```
>>> tuple([1,2,3])
1,2,3
>>> tuple('Python')
('P','y','t','h','o','n')
```

用圆括号创建元组：

```
>>> st = '学号','姓名','专业'
>>> st
('学号','姓名','专业')
>>> course = ('高等数学','英语','Python 程序设计')
>>> info = ('学号','姓名','专业',course)
('学号','姓名','专业',('高等数学','英语','Python 程序设计'))
>>> info[2]
'专业'
>>> info[-1][2]
'Python 程序设计'
```

常见应用场合：

```
>>> def get_square(x):
...     return x,x*x          ＃函数返回多个值
>>> x, y = get_square(2)       ＃多个变量同时赋值
>>> x,y
(2, 4)
>>> for x, y in ((1,1),(2,4),(3,9)):
...     print(x, y)
1 1
2 4
3 9
```

6.2.2 列表类型

列表(list)是包含 0 个或多个对象引用的有序序列,与元组不同,列表的长度和内容都是可变的,可自由对列表中的数据项进行增加、删除或替换。列表没有长度限制,元素的类型可以各不相同,使用起来非常灵活。

1. 创建列表

可以通过 list()函数将已有的元组和字符串转换为列表,也可以直接用[ ]创建。

```
>>> list('Python')
['P','y','t','h','o','n']
>>> tp = (10,20,30)
>>> list(tp)
```

```
[10, 20, 30]

ls = [12,'abc',['red','green','blue']]
ls[2][2]
'blue'
```

与整数和字符串不同,列表要处理一组数据,因此,列表必须通过显式的数据赋值才能生成,简单将一个列表赋值给另一个列表是不会生成新的列表对象的,而是两个变量指向同一个列表。只有通过 list()或[ ]创建才会生成新列表。

```
>>> ls = [12,'abc',['red','green','blue']]
>>> lt = ls
>>> ls[1] = 'python'
>>> lt
[12, 'python', ['red', 'green', 'blue']]
```

如果非要将一个列表的值赋给另一个变量,可通过复制的方式实现。

```
>>> ls = [12,'abc',['red','green','blue']]
>>> lt = ls.copy()
>>> ls[1] = 'python'
>>> lt
[12, 'abc', ['red', 'green', 'blue']]
```

2. 列表操作

列表除了拥有序列类型的表 6-1 中 12 个通用操作符和函数之外,还包含一些自身特有的操作,具体见表 6-2。

表 6-2 列表常用的函数和方法

函数和方法	描　　述
ls[i] = x	替换列表 ls 第 i 个元素为 x
ls[i:j]=lt	用列表 lt 替换列表 ls 中从第 i 到第 j 个元素(不含第 j 个元素,下同)
ls[i:j:k]=lt	用列表 lt 替换列表 ls 中从第 i 到第 j 个以 k 为步长的元素
del ls[i:j]	删除列表 ls 中第 i 个到第 j 个元素,等价于 ls[i:j]=[]
del ls[i:j:k]	删除列表 ls 中第 i 个到第 j 个以 k 为步长的元素
ls += lt 或 ls. extend(lt)	将列表 lt 中元素增加到列表 ls 中
ls * = n	更新列表 ls,其元素重复 n 次
ls. append(x)	在列表 ls 的最后增加一个元素 x
ls. clear()	删除 ls 中的所有元素
ls. copy()	生成一个新列表,复制 ls 中的所有元素
ls. insert(i, x)	在列表 ls 的第 i 个位置增加元素 x
ls. pop(i)	将列表 ls 的第 i 个元素取出并删除该元素
ls. remove(x)	将列表中出现的第一个元素 x 删除
ls. reverse(x)	列表 ls 中的元素 x 反转
ls. sort()	对列表 ls 进行排序,若 reverse=True,则降序排序

以上操作主要处理列表的增加、删除、修改等。

列表中元素的访问与操作：

```
>>> ls = ["cat", "dog", "tiger", 1024]
>>> ls[1:2] = [1, 2, 3, 4]
['cat', 1, 2, 3, 4, 'tiger', 1024]
>>> del ls[::3]
[1, 2, 4, 'tiger']
>>> ls * 2
[1, 2, 4, 'tiger', 1, 2, 4, 'tiger']
>>> ls += ['A','B','C']
[1, 2, 4, 'tiger', 'A', 'B', 'C']
```

利用列表的内置方法对元素进行操作：

```
>>> ls = [1,2,3,4,5,6,7]
>>> ls.append(10)
[1, 2, 3, 4, 5, 6, 7, 10]
>>> ls.insert(3, 20)
[1, 2, 3, 20, 4, 5, 6, 7, 10]
>>> ls.reverse()
[[10, 7, 6, 5, 4, 20, 3, 2, 1]
>>> ls.sort()
[1, 2, 3, 4, 5, 6, 7, 10, 20]
>>> ls.sort(reverse = True)
[20, 10, 7, 6, 5, 4, 3, 2, 1]
>>> sum(ls)
58
```

下面介绍列表操作的应用。

【案例 6-1】 生成随机验证码。

当前，很多网络应用都引入了验证码技术，以防止用户利用机器人自动注册、灌水、刷票、恶意破解密码等。验证码一般包含一串随机产生的数字或符号，以及一些干扰元素，如多条直线、若干原点、背景图片等。请利用随机函数和列表知识设计生成随机验证码，要求验证码有 6 个字符，字符只能是大写字母、小写字母或数字。

案例分析：

6 位验证码功能需要随机生成 6 个字符，将 6 个字符存储到列表中，再通过遍历进行输出。实现思路如下。

第一步，导入随机函数库，创建空列表。

第二步，生成 6 个随机字符，逐个添加到列表中。随机字符只能是大写字母、小写字母及数字这 3 类，为确定在这 3 类数据中产生，可用一个 1～3 的随机整数来表示对应的状态，根据相应的值来决定产生什么，如"1"表示大写字母，"2"表示小写字母，"3"表示数字。字母可以根据 ASCII 码中相应的数值范围（大写字母为 65～90，小写字母为 97～122），用随机整数 randint()来产生，再结合 chr()函数将数值转换为字符。数字可用 randint()直接在 0～9 的范围内随机产生。

第三步,按序拼接列表中的各字符,输出结果。

具体代码如下:

```
#生成随机验证码
import random
code = []
for i in range(6):
    state = random.randint(1,3)
    if state == 1:
        char = chr(random.randint(65,90))
    elif state == 2:
        char = chr(random.randint(97,122))
    elif state == 3:
        char = str(random.randint(0,9))
    code.append(char)
print('生成的验证码是:',".join(code))
```

某次运行结果(每一次的运行结果都不一样)如下:

```
生成的验证码是:7xdAZw
```

3. 列表元素遍历

对列表进行遍历使用 for-in 结构,可对列表中元素按序进行访问。基本语法格式:

```
for <变量名> in <列表变量>:
    <语句块>
```

如果对元素进行访问不涉及删除操作,可直接遍历列表;如果对元素进行访问涉及删除或是元素位置变化的操作,则先对原列表进行复制,在复制的列表中遍历,在原列表中操作,这样可以保证每个元素都能被遍历到。下面通过几个案例来实践。

【案例 6-2】　对列表元素求平均值。

已知一组数据[20, 10, 7, 6,31],请求出这组数据的平均值。

案例分析:

对列表中的每个元素都进行访问,对它们的值进行累加,再将累加结果除以列表长度即可得到列表的平均值。在这个过程中,不需要改变元素的位置,可以直接对列表进行遍历。

```
ls = [20, 10, 7, 6,31]
Sum = 0
for i in ls:
    Sum += i
print('列表元素的平均值为:',Sum/len(ls))
```

运行结果:

```
列表元素的平均值为:14.8
```

对列表进行复制操作:ls.copy()。

【案例 6-3】 删除 3 的倍数。

指定列表[23,45,78,87,11,67,89,13,243,56,67,311,431,111,141],请将其中所有 3 的倍数元素删除,并输出剩余的元素以及删除的个数。

案例分析:

在这个案例中需要对列表中的每个元素都进行访问,并判断该元素是否能被 3 整除,如果能被 3 整除,则删除元素。一旦涉及元素的删除,会导致列表的元素索引号发生改变,为保证每个元素都能被遍历到,需要先复制列表,在复制的列表中遍历,在原列表中删除。

```python
ls = [23,45,78,87,11,67,89,13,243,56,67,311,431,111,141]
lt = ls.copy()
count = 0
print('删除后的列表元素为:',end = '')
for i in lt:
    if i % 3 == 0:
        ls.remove(i)
        count += 1
    else:
        print(i,end = ' ')
print('\n 一共删除了{}个元素'.format(count))
```

运行结果:

```
删除后的列表元素为: 23 11 67 89 13 56 67 311 431
一共删除了 6 个元素
```

6.2.3 列表实践应用

【案例 6-4】 学生信息的输入与访问。

小明接到一项任务,要求设计一个程序,实现学生信息的录入与查看。学生信息包含学号、姓名、性别、年龄、专业。

案例分析:

此处应用列表来实现对输入的学生信息进行统一管理,通过列表的访问,显示每个学生的信息。

输入学生信息时,由于学生的个数不确定,因此可用不定循环来实现多个学生的信息录入。而每个学生的学号都是唯一的,在录入学生的学号时需要进行检查,如果已经存在需要重新录入;如果不存在,则可继续输入其他信息,将所有的信息组合成一个列表追加到学生列表中;如果输入的学号为空,则表示输入结束。

显示学生信息时,需要考虑学生列表为空的情况,若非空,则可遍历列表,输出学生信息,每一个学生信息为一行。

```python
# 获得输入的学生信息
def get_info():
    student = []
    while True:
        No = input('请输入学号:')
        if No == '':
```

```
            print('输入结束,显示学生信息')
            break
        elif search(No,student):
            print('该学号已存在,请重新输入')
            continue
        name = input('请输入姓名:')
        sex = input('请输入性别:')
        age = input('请输入年龄:')
        major = input('请输入专业:')
        student.append([No,name,sex,age,major])
    return student


#检查学号是否已存在
def search(No,student):
    for st in student:
        if No in st:
            return True
    else:
        return False
#显示学生信息
def show_info(student):
    try:
        print("\t".join(['学号','姓名','性别','年龄','专业']))
        for st in student:
            print("\t".join(st))
    except:
        print('列表没有学生信息')
#调用函数输入学生信息,显示学生信息
stu = get_info()
show_info(stu)
```

运行结果:

```
请输入学号:2020001
请输入姓名:张华
请输入性别:女
请输入年龄:19
请输入专业:大数据
请输入学号:2020002
请输入姓名:赵云
请输入性别:男
请输入年龄:20
请输入专业:大数据
请输入学号:2020003
请输入姓名:李全
```

```
请输入性别:男
请输入年龄:19
请输入专业:大数据
请输入学号:
输入结束,显示学生信息
学号        姓名    性别    年龄    专业
2020001    张华    女     19     大数据
2020002    赵云    男     20     大数据
2020003    李全    男     19     大数据
```

6.3　集　合　类　型

集合类型与数学中的集合概念一致,即包含 0 个或多个数据项的无序组合。集合中的元素不可重复,元素类型只能是固定数据类型,不能是可变数据类型。如整数、浮点数、字符串、元组等可以作为集合的数据项,而列表、字典和集合类型不能作为集合的元素出现。

集合是无序的组合,没有索引和位置的概念,不能分片,集合中元素可以动态增加或删除。集合用大括号"{}"表示,各元素之间用逗号隔开。可以用赋值语句生成一个大集合,也可以用 set() 进行集合的创建,输入的参数可以是任何组合数据类型,返回结果是一个无重复且排序任意的集合。

```
>>> s1 = {100,'python',20.6}          # 用"{}"赋值方式创建集合
>>> s1
{100, 20.6, 'python'}
>>> s2 = set('python')                 # 用函数 set() 创建集合,参数为字符串
>>> s2
{'h', 'n', 'o', 'p', 't', 'y'}
>>> s3 = set(('python',123))           # 用函数 set() 创建集合,参数为元组
>>> s3
{123, 'python'}
```

由于集合元素都是唯一的,所以可以使用集合类型过滤重复元素。

注意:空集合只能由 set() 函数创建。空"{}"创建的默认为字典类型。

集合的操作符有 10 个,见表 6-3。

表 6-3　集合类型的操作符

操作符	描　述
S－T 或 S. difference(T)	返回一个新集合,包含在集合 S 中但不在集合 T 中的元素
S－＝T 或 S. difference_update(T)	更新集合 S,包含在集合 S 中但不在集合 T 中的元素
S&T 或 S. intersection(T)	返回一个新集合,同时包含在集合 S 和集合 T 中的元素
S&＝T 或 S. intersection_update(T)	更新集合 S,同时包含在集合 S 和集合 T 中的元素

续　表

操作符	描　述
S^T 或 S. symmetric_difference(T)	返回一个新集合,包含在集合 S 和集合 T 中的元素但非共同包含在其中的元素
S^T=T 或 S. symmetric_difference——update(T)	更新集合 S,包含在集合 S 和集合 T 中的元素但非共同包含在其中的元素
S|T 或 S. union(T)	返回一个新集合,包含集合 S 和集合 T 中的所有元素
S|=T 或 S. update(T)	更新集合 S,包含集合 S 和集合 T 中的所有元素
S<=T 或 S. issubset(T)	如果集合 S 与集合 T 相同或集合 S 是集合 T 的子集,返回 True,否则返回 False,用 S<T 判断 S 是 T 的真子集
S>=T 或 S. issuperset(T)	如果集合 S 与集合 T 相同或集合 S 是集合 T 的超集,返回 True,否则返回 False,用 S>T 判断 S 是 T 的真超集

在数学中,对于两个集合的关系,常见的操作是并集(|)、差集(一)、交集(&)、补集(^),如图 6-4 所示。表 6-3 中的操作逻辑与数学定义相同。

$A\|B$(并集)	$A-B$(差集)	$A\&B$(交集)	$A^{\wedge}B$(补集)

图 6-4　集合类型的 4 种操作

集合是可变的数据,集合中的元素可以被动态地增加或删除,集合类型常见的操作函数和方法如表 6-4 所示。

表 6-4　集合类型的操作函数和方法

操作函数和方法	描　述
S. add(x)	如果元素 x 不在集合 S 中,将 x 增加到集合 S 中
S. clear()	移除 S 中的所有元素
S. copy()	返回集合 S 的一个副本
S. pop()	随机返回集合 S 中的一个元素,如果 S 为空,产生 KeyError 异常
S. discard(x)	如果 x 在集合 S 中,移除它,如果不在,不报错
S. remove(x)	如果 x 在集合 S 中,移除它,如果不在,会产生 KeyError 异常
S. isdisjoint(T)	如果集合 S 与集合 T 没有相同元素,返回 True
len(S)	返回集合 S 的元素个数
x in S	如果 x 是集合 S 的元素,返回 True,否则返回 False
x not in S	如果 x 不是集合 S 的元素,返回 True,否则返回 False

```
>>> s1 = {100,'python',20.6}
>>> s1.add(123)          # 添加一个元素 123
>>> s1
{100, 123, 20.6,'python'}
>>> s1.remove(123)       # 删除元素 123
```

```
{100, 20.6, 'python'}
>>> s1.pop()              #随机删除一个元素
'python'
>>> s1.clear()            #清空集合中的元素,空集合为 set()
>>> s1
set()
```

6.4　映　射　类　型

　　映射类型是"键-值"数据项的组合,每一个元素都是一个键值对,即元素是(key,value),元素之间是无序的。键值对(key,value)是一种二元关系,源于属性和值的映射关系。

　　键(key)表示一个属性,也可理解为一个类别或项目,值(value)是属性的内容,键值对刻画了一个属性和它的值。键值对将映射关系结构化,用于存储和表达。

　　在列表中,存储和检索数据可以通过整数的索引来实现,但是在很多应用中需要更灵活的信息查找方式,例如,在检索学生或员工信息时,经常基于学号或身份证号码来进行查找,而不是基于信息存储的序号。在编程术语中,根据一个信息查找另一个信息的方式构成了"键值对",它表示索引用的键和对应的值构成的成对关系,即通过一个特定的键(学号或身份证号)来访问值(学生信息)。

　　在实际应用中有很多"键值对"的案例,如通讯录中姓名和电话号码、用户信息中用户名与密码、邮政编码与运输成本、国家名称与首都等。

　　这种通过任意键信息查找一组数据中值信息的过程称为映射,在 Python 中,映射类型主要以字典(dict)体现。

6.4.1　字典类型

1. 字典创建

　　字典是包含 0 个或多个键值对的无序集合,没有长度限制,可以根据键索引值的内容,使键具有唯一性。

　　Python 中可以通过函数 dict()来创建空字典,也可以通过大括号"{ }"来创建。格式如下:

```
{<键 1>:<值 1>, <键 2>:<值 2>, … , <键 n>:<值 n>}
>>> student = { }
>>> student = dict( )
>>> d = {"中国":"北京", "美国":"华盛顿", "法国":"巴黎"}
>>> d
{'中国':'北京', '美国':'华盛顿', '法国':'巴黎'}
```

　　注意:字典输出的顺序可能与创建之初的顺序不一致。原因是字典是集合类型的延续,所以各元素没有顺序之分,如果想保持一个集合中的顺序,需要使用列表。

如果要访问元素的值,使用"字典变量[key]"的形式,如:

```
>>> d["中国"]
'北京'
```

字典中的元素是可以动态修改的,添加元素和修改元素都是通过对"字典变量[key]"进行赋值的方式实现的:字典变量[key]＝值。如添加一个元素:

```
>>> d["英国"] = "伦敦"
>>> d
{'中国': '北京', '美国': '华盛顿', '法国': '巴黎', '英国': '伦敦'}
```

总体来说,字典是存储可变数量键值对的数据结构,键和值可以是任意数据类型,包括程序自定义的类型。Python 的字典效率非常高,甚至可以存储几十万项内容。

2. 字典操作

字典在 Python 内部已采用面向对象方式实现,因此使用对应的方法时,采用 a.b()格式。Python 中字典常用的操作函数和方法见表 6-5。

表 6-5　字典类型的操作函数和方法

操作函数和方法	描　　述
d.keys()	返回字典 d 所有的键信息
d.values()	返回字典 d 所有的值信息
d.items()	返回字典 d 所有的键值对
d.get(key, default)	键存在则返回相应的值,不存在则返回默认值 default
d.pop(key, default)	键存在则返回相应的值,同时删除键值对,否则返回默认值
d.popitem()	随机从字典 d 中取出一个键值对,以元组形式返回
d.clear()	删除字典 d 中所有的键值对
del d[key]	删除字典 d 中某一个键值对
key in d	如果 key 在字典 d 中存在,返回 True,否则返回 False

如果希望用 keys()、values()、items()方法返回列表类型,可用 list()函数进行转换。

```
>>> d = {"中国":"北京", "美国":"华盛顿", "英国":"伦敦", "法国":"巴黎"}
>>> d.keys()
dict_keys(['中国', '美国', '英国', '法国'])
>>> list(d.values())
['北京', '华盛顿', '伦敦', '巴黎']
>>> list(d.items())
[('中国', '北京'), ('美国', '华盛顿'), ('英国', '伦敦'), ('法国', '巴黎')]
>>> d.get('中国','Beijing')
'北京'
>>> d.get('日本','东京')
'东京'
>>> d.pop('法国','巴黎')
```

```
'巴黎'
>>> d
{'中国';'北京','美国':'华盛顿','英国':'伦敦'}
>>> d.popitem()
('英国', '伦敦')
>>> del d['美国']
>>> d
{'中国':'北京','英国':'伦敦'}
```

3. 字典遍历

与其他组合类型一样,字典的遍历可以使用 for-in 语句,基本语法格式:

```
for <变量名> in <字典变量>:
    <语句块>
```

【案例 6-5】 计算消费额。

小明在咖啡店里点了双人下午套餐,包含两杯咖啡、两份点心:一杯卡布奇诺 32 元,一杯摩卡 30 元,一份抹茶蛋糕 28 元,一份布朗尼 36 元。请用 python 计算并输出消费总额。

案例分析:

可将每样物品与其价格组成一对键值对,将套餐内容变成一个字典。对字典进行遍历,获取到每个键对应的值,将值进行累加即可得到总消费额。

```
menu = {'卡布奇诺':32,'摩卡':30,'抹茶蛋糕':28,'布朗尼':36}
total = 0
for key in menu:
    total += menu[key]
print('一共消费了{}元'.format(total))
```

运行结果:

```
一共消费了 126 元
```

6.4.2 字典应用实践

【案例 6-6】 学生成绩管理。

大一学生张华、赵云、李全的成绩如下:

姓名	高等数学	大学英语	程序设计
张华	85	96	92
赵云	92	90	96
李全	86	79	90

小明接受了一项任务,要求使用字典和列表对下列同学的成绩进行统计管理,具体要求如下:

① 利用字典内嵌列表形式记录几位同学的成绩信息;

② 添加一位学生的成绩信息"于明,90,87,95";

③ 输出记录内容；

④ 求出每个人的总分；

⑤ 求出每门课程的平均分。

案例分析：

需要用字典内嵌列表的方式存储信息，由于字典 key 具有唯一性，因而用学生的姓名作为 key，各科成绩则作为 value，组成字典的键值对信息。

输出记录可使用元素遍历的方式，利用格式化输出。每个学生的各科成绩都是一个列表，可用列表遍历的形式，也可用列表索引的形式。本例代码采用了列表索引的方式。

计算每个学生的总分，可以在遍历字典时，将每个学生各科成绩的列表求和，在成绩后面输出。

计算各科平均分时，由于每个学生同科目的成绩分布在字典的不同元素中，可以先声明 3 个列表，分别用来存储 3 科成绩，当遍历字典时，将遍历到的学生成绩添加到对应列表中。最后对列表的数据求和，将求和数据除以字典长度，即学生数量，则可以得到各科的平均成绩。

```python
student = {'张华':[85, 96, 92], '赵云':[92, 90, 96], '李全':[86, 79, 90]}
print('姓名    高等数学   大学英语   程序设计   总分')
student['于明'] = [90, 87, 95]          # 添加一位学生
n = len(student)
math = [ ]
english = [ ]
program = [ ]
for d in student:
    print('{:^5}  {:^8}  {:^8}  {:^8}  {:^4}'.format(d, student[d][0], \
        student[d][1], student[d][2], sum(student[d])))
    math.append(student[d][0])
    english.append(student[d][1])
    program.append(student[d][2])
print('--' * 22)
print('平均分 \t{:>8.2f}   {:>8.2f}   {:>8.2f}'.format(sum(math)/n, \
    sum(english)/n, sum(program)/n))
```

运行结果：

```
姓名      高等数学      大学英语      程序设计      总分
张华        85          96          92          273

赵云        92          90          96          278

李全        86          79          90          255

于明        90          87          95          272
-------------------------------------------
平均分    88.25        88.00        93.25
```

6.5　组合数据类型应用

【案例 6-7】 学生信息管理系统。

1. 案例设计目的

① 理解并掌握函数的定义与调用。

② 掌握参数的设置与传递。

③ 熟练应用模块化程序设计思想。

2. 案例分析

根据实际的需求得出系统的总体框架,系统模块设计如图 6-5 所示。

图 6-5 学生信息管理系统模块图

设计思路如下。

创建一个字典用于保存学生的学号、姓名、各科成绩。由于字典和列表的全局特性,只要不是在函数中创建同名字典,则所有函数可访问主程序中的字典。学生的学号具有唯一性,可将学号作为 key,将姓名及各科成绩作为 value。

- 添加学生信息:先判断输入的学号是否已经存在,若存在重新输入,不存在则继续输入姓名及各科成绩,最后将所有输入内容作为一个元素添加到字典中。

- 修改学生信息:先判断输入的学号是否存在,若存在则输入要修改的信息,若不存在则重新输入学号。最后将对应学号的 value 值进行修改。

- 删除学生信息:先判断输入的学号是否存在,若存在,则将学号对应的元素从字典中删除,不存在则给出提示。

- 查询学生信息:先判断输入的学号是否存在,若存在,则将学号对应的元素信息显示出来,不存在,则给出提示。

- 显示学生信息:对字典进行遍历,将字典中所有的信息按指定格式显示出来。涉及成绩的总分与排名,通过调用成绩排名函数获取,调用时需要将学号作为参数传递过去。

- 成绩排名:对字典进行遍历,为每个学生的成绩进行求和,并将对应的学号和求和数据保存到列表中。然后对列表进行降序排序,元素对应的索引值加 1 即每个学生的排名。函数的参数即学号,将该学号对应的总分和排名作为返回值。

3. 实现代码

```
'''
*  函数名:;menu()
*  函数功能:显示主菜单,供用户选择操作业务
*  参数:无
*  返回值:无
'''

def menu():
    print('*'*20)
```

```
    print('*            学生成绩管理系统              *')
    print('*  '* 20)
    print('*            请选择你需操作的业务            *')
    print('*              1.显示所有信息               *')
    print('*              2.添加学生信息               *')
    print('*              3.修改学生信息               *')
    print('*              4.删除学生信息               *')
    print('*              5.查询学生信息               *')
    print('*              0.退出管理系统               *')
    print('*  '* 20)

'''
*   函数名:addInfo()
*   函数功能:添加学生信息
*   参数:无
*   返回值:无
'''
def addInfo():
    while True:
        stuID = input('请输入学号:')
        if stuID in student:
            print('该学号已存在,请重新输入!')
        else:
            break
    name = input('请输入姓名:')
    math = eval(input('请输入高等数学成绩:'))
    english = eval(input('请输入大学英语成绩:'))
    program = eval(input('请输入程序设计成绩:'))
    student[stuID] = [name,math,english,program]


'''
*   函数名:update()
*   函数功能:修改学生信息
*   参数:无
*   返回值:无
'''
def update():
    while True:
        stuID = input('请输入学号:')
        if judge(stuID) == False:
            print('该学号不存在,请重新输入!')
        else:
            break
    name = input('请输入姓名:')
```

```
    math = eval(input('请输入高等数学成绩:'))
    english = eval(input('请输入大学英语成绩:'))
    program = eval(input('请输入程序设计成绩:'))
    student[stuID] = [name,math,english,program]


'''
*   函数名:showInfo()
*   函数功能:显示学生信息
*   参数:无
*   返回值:无
'''
def showInfo():
    print('--' * 50)
    print('学号\t| 姓名\t| 高等数学\t| 大学英语\t| 程序设计\t| 总分 \t| 排名\t|')
    for s in student:
        rank = getRank(s)
        print('{:^7}'.format(s), end = '\t|')
        for info in student[s]:
            print('{:^6}'.format(info), end = '\t|')
        print('{:^6}\t|{:^6}'.format(rank[0],rank[1]), end = '|')
        print()
    print('--' * 50)


'''
*   函数名:delInfo()
*   函数功能:删除学生信息
*   参数:无
*   返回值:无
'''
def delInfo():

    stuID = input('请输入学号:')
    if judge(stuID) == False:
        print('该学号不存在,请重新输入!')
    else:
        del student[stuID]
'''
*   函数名:query()
*   函数功能:查询学生信息
*   参数:无
*   返回值:无
'''


def query():
```

```
        stuID = input('请输入学号:')
        if judge(stuID):
            rank = getRank(stuID)
            print('学号\t| 姓名\t| 高等数学\t| 大学英语\t| 程序设计\t| 总分\t| 排名\t|')
            print('{:^6}'.format(stuID), end = '\t|')
            for info in student[stuID]:
                print('{:^6}'.format(info), end = '\t|')
            print('{:^6}\t|{:^6}'.format(rank[0],rank[1]), end = '|')
            print()
        else:
            print('该学号不存在')


'''
*  函数名:judge()
*  函数功能:判断学生信息表中是否存在指定学号
*  参数:ID、学生学号
*  返回值:True 或 False
'''

def judge(ID):
    if ID in student:
        return True
    else:
        return False


'''
*  函数名:getRank()
*  函数功能:获取学生排名
*  参数:stuID、学生学号
*  返回值:指定学生的总分及排名
'''

def getRank(stuID):
    rank = []
    for s in student:
        Sum = sum(student[s][1:])
        rank.append([s,Sum])
    rank.sort(key = lambda x:x[1], reverse = True)
    for i in range(len(rank)):
        if rank[i][0] == stuID:
            return rank[i][1], i + 1
'''
*  函数名:程序入口
*  函数功能:创建字典,根据输入的编号调用相应的功能函数
*  参数:无
*  返回值:无
```

```
    '''
    if __name__ =='__main__':
        student = {}
        while True:
            menu()
            select = input('请输入操作编号:')
            if select =='0':
                break
            elif select =='1':
                showInfo()
            elif select =='2':
                addInfo()
            elif select =='3':
                update()
            elif select =='4':
                delInfo()
            elif select =='5':
                query()
```

系统运行主界面和系统运行效果如图 6-6、图 6-7 所示。

```
* * * * * * * * * * * * * * * * * * *
*            学生成绩管理系统             *
* * * * * * * * * * * * * * * * * * *
*          请选择你需操作的业务           *
*          1. 显示所有信息               *
*          2. 添加学生信息               *
*          3. 修改学生信息               *
*          4. 删除学生信息               *
*          5. 查询学生信息               *
*          0. 退出管理系统               *
* * * * * * * * * * * * * * * * * * *
请输入操作编号: 2
请输入学号: 1901001
请输入姓名:李全
请输入高等数学成绩:98
请输入大学英语成绩: 95
请输入程序设计成绩: 96
```

图 6-6 系统运行主界面

请输入操作编号: 1

学 号	姓名	高等数学	大学英语	程序设计	总 分	排 名
1901001	李全	98	95	96	289	1
1901002	杜云	87	86	92	265	3
1901003	赵真	92	94	95	281	2

图 6-7 系统运行效果

课 后 习 题

1. 统计数值计算。用户输入一组数据,分别用统计方法求出数据的和、平均值、标准差以及中位数。

2. 生日悖论分析。生日悖论是指如果一个房间里有 23 人或以上,那么至少有两个人生日相同的概率大于 50%。编写程序,计算出在不同随机样本数量下,23 人中至少有两个人生日相同的概率。

3. 文本字符分析。编写程序接收字符串,按字符串出现频率的降序打印字母,分别尝试输入一些中英文片段,比较不同语言之间字符频率的差别。

4. 结合列表,帮助小明制作一个电子通讯录,实现信息的添加、修改、删除、查询。

5. 结合列表与字典,设计一个图书管理系统,实现图书的添加、修改、删除、查询。

第7章 文　　件

问题导向
- 在程序中得到的数据如何永久保存？
- 如何使用已经存在的数据？
- 不同维度的数据如何按规律保存？

重点与难点
- 文件的读写方法及相应的基本操作。
- 数据组织的维度及特点。
- 一维、二维数据的存储格式与读写方法。
- 高维数据的存储格式与读写方法。

知识导图

Python 之旅——旅行产品

在旅行途中,会有很多相应的旅游服务产品,以此使得旅行更便捷,体验更舒适。Python 为了让大家更好地体验它的强大,推出了一系列的产品服务。在这一站,我们来体验 Python 的文件功能。

7.1 文件的基本操作

进行程序设计时,在使用数据的过程中,常常需要将得到的数据进行保存,或者打开已经存在的文件,获取里面的数据。

7.1.1 文件概述

文件是一个存储在辅助存储器上的数据序列,可以包含任何数据内容。从概念上说,前面学到的函数是程序的集合和抽象,而文件则是数据的集合和抽象。

一个文件需要有唯一确定的文件标识,以便用户找到确定的文件。文件的标识包括 3 个部分,即文件路径、文件名、文件扩展名,如 D:\Python\example.txt。

- 文件路径:D:\Python\。
- 文件名:example。
- 文件扩展名:.txt。

文件的组织形式和表达数据方式更有效、更灵活。文件按编码方式一般分为两大类型:文本文件和二进制文件。

文本文件是由单一特定编码的字符组成的,如 ASCII、Unicode、utf-8 等编码,内容容易统一展示和阅读。大部分文本文件都可以通过文本编辑软件或文字处理软件创建、修改和展示。由于文本文件存在编码,所以也可以将它看成一个存储在磁盘上的长字符串,如一个 txt 格式的文本文件,可以读成一个字符串。

二进制文件直接由比特 0 和 1 组成,没有统一的字符编码,文件内部数据的组织格式与文件用途有关。二进制是信息按照非字符但特定格式形成的文件,一般用于可执行程序、图像、音频、视频等,如 png 格式的图片文件、avi 格式的视频文件。二进制文件没有统一的字符编码,只能当作字节流,而不能看作字符串。

7.1.2 文件的打开与关闭

Python 对文件采用统一的操作步骤:打开—操作—关闭。

操作系统中的文件默认处于存储状态,需要先把它打开,使得当前程序有权操作这个文件。如果打开一个不存在的文件,则可以创建该文件。打开后的文件处于占用状态,此时,如果另一个进程想要对文件进行操作,则会导致操作失败。对于打开的文件可以采用相应的方法进行内容的读取与写入,此时,文件作为一个数据对象存在,采用<文件对象.方法名()>,即 a.b()方式进行操作。操作完成后,需要将文件关闭,以释放对文件的控制,使文件恢复存储状态,便于下一个进程对文件进行打开、操作。

打开文件的方法:open()。

Python 采用解释器内置的 open()函数打开一个文件,并实现该文件与一个程序变量的关联。open()函数的格式如下:

```
变量名 = open ( 文件名,打开模式,文件编码)
```

如:

```
f = open('example.txt','r',encoding = 'utf-8')
```

open()函数中的参数文件名指的是文件的实际名字,可以是包含完整路径的名字。打开模式用于控制使用何种方式打开文件。open()函数提供了 7 种基本的打开模式,如表 7-1 所示。

表 7-1　文件中的打开模式

打开模式	含　义
'r'	以只读方式打开,如果文件不存在,则返回异常 FileNotFoundError,默认值
'w'	覆盖写模式,如果文件不存在,则创建,存在则完全覆盖
'x'	创建写模式,如果文件不存在,则创建,存在则返回异常 FileExistError
'a'	追加写模式,文件不存在,则创建,存在则在文件末尾追加内容
'b'	以二进制模式打开,如以 rb 只读方式打开二进制模式文件
't'	文件模式,默认值
'+'	与 r、w、x、a 一同使用,在原功能的基础上增加同时读写功能,如 r+同时具有读写功能

例如,以只读文本文件模式打开:

```
f = open('example.txt','r',encoding = 'utf-8')
print(f.read())
```

输出结果如下,文件经过指定编码形成字符串,输出有含义的字符。

```
我爱你,中国!
中国是一个伟大的国家!
```

以二进制只读模式打开:

```
f = open('example.txt','rb')
print(f.read())
```

输出结果为字节流,文件被解析成字节流,一个字符由两个字节表示。

```
b'\xe6\x88\x91\xe7\x88\xb1\xe4\xbd\xa0\xef\xbc\x8c\xe4\xb8\xad\xe5\x9b\xbd\xef\xbc\x81\n\
xe4\xb8\xad\xe5\x9b\xbd\xe6\x98\xaf\xe4\xb8\x80\xe4\xb8\xaa\xe4\xbc\x9f\xe5\xa4\xa7\xe7\x9a\x84\
xe5\x9b\xbd\xe5\xae\xb6\xef\xbc\x81'
```

关闭文件的方法:close()。

文件使用结束后采用 close()方法关闭,释放文件的使用授权,格式如下:

```
变量名.close()
```

例如：

```
f.close()
```

关闭文件是为了切断文件与程序的联系，并释放文件缓冲区。所有的文件打开后需要显式关闭，以释放缓存。用 close() 方法关闭文件是一个很好的习惯。

7.1.3　文件的路径

需要将指定文件打开时，如果只给出了文件名，并未给出文件路径，则 Python 将在当前执行文件（即.py 程序文件）所在目录中查找该文件，这种直接给出文件名的方式称为相对路径。

相对路径就是从当前文件出发，给出相对于当前文件的路径位置。

例如，example. py 文件和 f1. txt 文件都在目录 D:\Python\file 中，那么从 example. py 程序中打开 f1. txt 的语句，只需直接给出文件名 f1. txt 即可，如 open('f1. txt','rb'))。

如果 f2. txt 在目录 D:\Python\file\text 中，那么在从 example. py 程序打开 f1. txt 的语句中，还需给出相对路径的文件夹名，如 open('. /text/f2. txt','rb')。

如果 f3. txt 在目录 D:\Python\file2\中，那么在从 example. py 程序打开 f1. txt 的语句中，需要返回上一级目录，使用"../"，如 open('../file2/f3. txt','rb')，其中".."为父目录。

路径中需要使用"/"，因为在 Python 中把"\"当成转义字符，所以在表示路径时需要使用符号"/"，或用两个反斜杠"\\"，如 open('text\\f2. txt','rb')。

绝对路径就是从盘符出发，如 D:\Python\file\text。假如要从 example. py 程序中打开 f3. txt 文本文件，使用绝对路径的语句是 open('D:/Python/ file2/f3. txt','rb')，或者是 open ('D:\\Python\\file2\\f3. txt','rb')。

一般来说，建立路径所使用的几个特殊符号，以及其所代表的意义如下。

- "./"：代表目前所在的目录。
- "../"：代表上一层目录。
- 以"/"开头：代表根目录。

在程序设计中，访问文件时常使用相对路径。

7.1.4　文件的读取

当文件被打开后，根据打开方式的不同可以对文件进行相应的读写操作。当文件以文本文件方式打开时，读写按照字符串方式，采用当前计算机使用的编码或指定的编码。当文件以二进制文件方式打开时，读写按照字节流方式。Python 提供了 3 个常用的文件内容读取方式，如表 7-2 所示。

表 7-2　文件内容读取方式

操作方法	含　义
file. read(size＝－1)	读入整个文件的内容，若给出参数，则读入前 size 长度的字符串或字节流
file. readline(size＝－1)	读入一行内容，若给出参数，则读入前 size 长度的字符串或字节流
file. readlines(hint＝1)	读入所有行，每行为列表中一个元素，若给出参数，则读 hint 行

将文件中的内容读出来,并打印。

方法一:一次读入,统一处理。

使用 read()函数,不给参数,则表示读取整个文档的内容,并将读取内容作为一个字符串返回。例如,要读取同目录中的文本文件 poem.txt,一次读取的代码如下:

```
f = open('poem.txt','r',encoding = 'utf-8')
txt = f.read()
print(txt)
```

运行结果如下:

```
秦时明月汉时关,
万里长征人未还。
但使龙城飞将在,
不教胡马度阴山。
```

注意:在读文件内容时,碰到文件中换行的位置,会读取到换行符"\n",当使用 print 打印时,会把"\n"当作换行打印。所以上面代码输出来,虽然读取时得到的是一个整的字符串,但是输出时会出现换行。

read()方法的缺点在于:当读入文件非常大时,一次性将内容读取到列表中会占用很多内存,影响程序执行速度。

方法二:按量读入,逐步处理。

使用 read(n),给出参数,参数值表示要读取字符的个数。如果要读完整个文档,需要跟循环相结合。例如,要读取同目录中的文本文件 poem.txt,每次读 9 个字符,实现代码如下:

```
f = open('poem.txt','r',encoding = 'utf-8')
txt = f.read(9)
while txt! = '':
    print(txt,end = '')
    txt = f.read(9)
f.close()
```

运行结果:

```
秦时明月汉时关,
万里长征人未还。
但使龙城飞将在,
不教胡马度阴山。
```

方法三:一次读入,分行处理。

使用 readlines()方法会按行读取文件中的内容,返回类型为列表,每一行为列表中的一个元素。如果不给参数,则读完整个文档。如果要输出文档中的内容,则用遍历列表的方式进行输出。代码如下:

```
f = open('poem.txt','r',encoding = 'utf-8')
txt = f.readlines()
for line in txt:
```

```
        print(line,end='')
f.close()
```

运行结果：

```
秦时明月汉时关，
万里长征人未还。
但使龙城飞将在，
不教胡马度阴山。
```

注意：使用 readlines()方法读取的结果是一个列表。文件中的一行为列表中的一个元素。因而想输出所有内容，需要对列表进行遍历。

方法四：分行读入，逐行处理。

使用 readlines(n)方法时，给出了参数 n，表示一次读 n 行，返回值为列表，每行为列表中的一个元素。例如，读 poem.txt 中的内容时，一次只读一行的代码如下：

```
f = open('poem.txt','r',encoding='utf-8')
txt = f.readlines(1)
while len(txt)>0:
    print(txt[0],end='')
    txt = f.readlines(1)
f.close()
```

运行结果：

```
秦时明月汉时关，
万里长征人未还。
但使龙城飞将在，
不教胡马度阴山。
```

拓展：

除了使用 open()方法外，还可以使用"with open() as 变量名"这种方法。

使用 with 语句的好处就是到达语句末尾时会自动关闭文件，即使出现异常也会自动关闭文件。

```
with open('poem.txt',encoding='utf-8') as f:
    for line in f.readlines():
        print(line,end='')
```

运行结果：

```
秦时明月汉时关，
万里长征人未还。
但使龙城飞将在，
不教胡马度阴山。
```

【案例 7-1】 文件读取举例：词频统计，以 Hamlet 为例。

在现实中常常会遇到这样的问题，一篇文章需要统计多次出现的词语，从而分析文章内容。在对网络信息进行自动检索和归档时，也会遇到这样的问题。

词频统计的本质就是词语数量的累加问题,对每一个词语设计一个计数器,每出现 1 次,相应的计数器就加 1。因为一篇文章中的词语量比较大,为避免词语计数器发生混乱,可以将词语与相应的计数器组成键值对。

《哈姆雷特》代表着整个西方文艺复兴时期文学的最高成就,很多国内外的电影都是以此为原型的。

先获取《哈姆雷特》的文章内容,以 hamlet.txt 文本文件保存,该书可以在网络上找到并下载。

第一步,获取英文文本。内容存储在文本文件中,此处需要用到本章的文件打开与读取方法。打开文件:open(文件名,打开方式)。读取全文:read()。

第二步,统一大小写。由于同一个单词会存在大小写不同的形式,但计数时不应该区分大小写,将它们归为一个单词。统一转换为小写:lower()。

第三步,去掉标点符号。标点符号不参与计数,为避免标点符号对分词造成影响,需要将原文中的各类标点符号用 replace()方法替换成空格。

第四步,提取单词。利用相应的方法将单词进行分解并提取,英文文本以空格或标点符号来分隔词语,获得单词并统计数量相对容易。统一用空格来分离单词:split()。

第五步,创建字典,用于存储词语及对应的计数器。

第六步,遍历文本,对计数器值进行修改。计数器值的变化就是对值进行修改,而修改是指在原有的基础上加 1,则可以使用字典的"d.get(key, default) + 1"方式来实现,如果词语在字典中存在,则获得原有值,在这个值的基础上进行修改,如果这个词语不存在,则将它的默认值设为 0,表示第一次出现。

第七步,字典转换为列表,按词频排序。由于字典是无序的,因此想要显示词频最高的词语,需要先将其转换为序类型,才能实现排序。转换函数为 list(),排序函数为 sort(),字典转换为列表会是一个二元关系,即二维列表,排序需要使用 key 属性,使用 lambda()函数指定排序的依据。

第八步,遍历列表,输出词语及词频。按需要将前 10 个高频词及次数输出。

```python
# 统计字频
def get_text():
    file = open('hamlet.txt','r')
    text = file.read()
    text = text.lower()
    for char in '!"# $ % &() * + , - . / : ; < = >? @[\\]^_`{|}~':
        text = text.replace(char,'')
    return text
txt = get_text()
words = txt.split()
counts = {}
for w in words:
    counts[w] = counts.get(w,0) + 1
items = list(counts.items())
items.sort(key = lambda x:x[1],reverse = True)
for i in range(10):
    word,count = items[i]
```

```
    print("{:<12}{:>5}".format(word,count))
```

运行结果：

```
the          1138
and          965
to           754
of           669
you          550
i            542
a            542
my           514
hamlet       462
in           436
```

从运行结果可以看出，高频词语大多是冠词、代词、连接词等语法型词汇，并不能代表文章的含义。想要优化程序，可以采用集合类型构建一个排除词汇库 excludes，在输出结果中将这个词库中的内容先排除掉。在原有的程序上添加代码，修改如下：

```
def get_text():
    text = open('hamlet.txt','r').read()
    text = text.lower()
    for char in '!"#$%&()*+,-./:;<=>?@[\\]^_'{|}~':
        text = text.replace(char,'')
    return text
txt = get_text()
words = txt.split()
counts = {}
for w in words:
    counts[w] = counts.get(w,0) + 1

excludes = {'the','and','of','is','you','i','my','in','a','this','it'}
for word in excludes:
    del counts[word]

items = list(counts.items())
items.sort(key = lambda x:x[1],reverse = True)
for i in range(10):
    word,count = items[i]
    print("{:<12}{:>5}".format(word,count))
```

运行结果：

```
to           754
hamlet       462
that         391
not          314
```

---

word	count
lord	309
his	296
but	269
with	268
for	247
your	242

修改后的运行结果还是存在很多语法词汇，如果希望排除更多，可以在集合中继续增加内容，感兴趣的读者可以进一步完善该功能。

7.1.5 文件的写入

Python 提供了 3 个文件内容写入方法，如表 7-3 所示。

表 7-3 文件内容写入方法

方　法	含　义
file. write(s)	向文件写入一个字符串或字节流
file. writelines(lines)	将一个元素全为字符串的列表写入文件
file. seek(offset)	改变当前文件操作指针的位置，offset 的值：0，文件开头；1，当前位置；2，文件结尾

write() 方法中的参数 s 表示要写入文件中的字符串，在一次打开和关闭操作之间，每调用一次 write() 方法，程序向文件中追加一行数据，并返回本次写入文件中的字节数。

一次写入：

```
s = '秦时明月汉时关，万里长征人未还。但使龙城飞将在，不教胡马度阴山。'
f = open('poem2.txt','w',encoding = 'utf-8')
f.write(s)
f.close()
```

按行写入：

```
s = '秦时明月汉时关，万里长征人未还。但使龙城飞将在，不教胡马度阴山。'
f = open('poem2.txt','w',encoding = 'utf-8')
for i in range(0,len(s),8):
    f.write(s[i:i + 8] + '\n')
f.close()
```

writelines(lines) 方法中的参数 lines 是元素为字符串的列表。
一次写入：

```
ls = ['秦时明月汉时关，','万里长征人未还。','但使龙城飞将在，','不教胡马度阴山。']
f = open('poem2.txt','w',encoding = 'utf-8')
f.writelines(s)
f.close()
```

按行写入：

140

```
ls =['秦时明月汉时关',',','万里长征人未还。',',','但使龙城飞将在',',','不教胡马度阴山。']
f = open('poem2.txt','w',encoding ='utf-8')
for line in ls：
    f.writelines(line +'\n')
f.close()
```

7.1.6　文件的读写位置

从前面的程序运行结果中可以发现,每一次文件的打开与关闭之间进行的读写操作都是连续的,程序总是从上次读写的位置继续向下进行读写操作。实际上,每个文件对象都有一个称为"文件读写位置"的属性,该属性用于记录文件当前读写的位置。

Python 中提供了一些获取文件读写位置、修改文件读写位置的方法,以实现文件的随机读写,如表 7-4 所示。

表 7-4　文件读写位置方法

方　　法	含　　义
file. tell()	获取文件当前的读写位置,默认为 0
file. seek(offset)	改变当前文件操作指针的位置,offset 的值：0,文件开头；1,当前位置；2,文件结尾

tell()方法返回当前读写的位置信息。在文件读取时会发现一个英文字符占一个位置,一个中文字符占 3 个位置。若文件 hello. txt 中的存储内容为"Hello,Python",执行下列代码：

```
f = open('hello.txt','r')
print("未读取内容之前的位置：",f.tell())
t = f.read(5)
print("读取内容为：",t)
print("读取部分内容之后的位置：",f.tell())
f.close()
```

运行结果：

```
未读取内容之前的位置：0
读取内容为：Hello
读取部分内容之后的位置：5
```

若 poem. txt 文件中存储了中文信息,执行下列代码：

```
f = open('poem.txt', 'r', encoding ='utf-8')
print("未读取内容之前的位置：", f.tell())
t = f.read(4)
print("读取内容为：",t)
print("读取部分内容之后的位置：", f.tell())
f.close()
```

运行结果：

```
未读取内容之前的位置：0
读取内容为：秦时明月
读取部分内容之后的位置：12
```

一般来说文件的读写是顺序的，但有时需要从指定位置开始读写，则可使用 seek(offset) 方法进行定位。

以写入文件后并读取刚写的文件为例：写完文件后，指针定位在文件末尾，如果读取内容，则会读出空。只能使用 seek()方法重新定位指针位置，才能读取内容。seek(0)定位到文件开头。

```
ls = ['秦时明月汉时关，','万里长征人未还。','但使龙城飞将在，','不教胡马度阴山。']
f = open('poem2.txt','w+',encoding = 'utf-8')
for line in ls：
    f.writelines(line + '\n')
print('写入完成后指针位置：',f.tell())
f.seek(0)
print('重新定位后指针位置：',f.tell())
t = f.read()
print(t)
f.close()
```

运行结果：

```
当前指针位置：104
当前指针位置：0
秦时明月汉时关，
万里长征人未还。
但使龙城飞将在，
不教胡马度阴山。
```

7.2　文件的迭代

迭代是一个过程的多次重复，在 Python 中，实现了__iter()__方法的对象都是可迭代对象（如序列、字典）。文件对象也是一个可迭代的对象，在对文件内容进行访问时，可通过迭代方式对文件对象进行遍历访问。结果与使用 readlins()方法访问文件内容相同。

通过迭代器遍历访问文件对象。

```
f = open('poem.txt','r',encoding = 'utf-8')
for line in f：
    print(line,end = '')
f.close()
```

运行结果：

```
秦时明月汉时关，
```

万里长征人未还。

但使龙城飞将在，

不教胡马度阴山。

迭代器还具有"记忆"功能，若在第一次循环中只访问了部分文件内容，后续再次访问时，会从上次获取到的文件内容位置继续往后访问。

```
f = open('poem.txt','r',encoding = 'utf-8')
i = 0
print('第一次访问')
for line in f:
    print(line,end = '')
    i += 1
    if i == 2:
        break
print('第二次访问')
i = 0
for line in f:
    i += 1
    print(line,end = '')
    if i == 2:
        break
```

运行结果：

```
第一次访问
秦时明月汉时关，
万里长征人未还。
第二次访问
但使龙城飞将在，
不教胡马度阴山。
```

7.3 数据维度与数据格式化

7.3.1 数据维度

从广义上讲，维度是与事物"有联系"的概念的数量，根据"有联系"的概念的数量，事物可分为不同的维度。例如：与线有联系的概念有长度，则线为一维事物；与长方形面积有联系的概念有长度和宽度，则长方形面积为二维事物；与长方体体积有联系的概念有长度、宽度、高度，则长方体体积为三维事物。

相应的，数据也有维度，那数据的维度有哪些呢？

计算机是能够根据指令操作数据的设备，因此操作数据是程序最重要的任务。除了单一数据类型(数字、浮点数等),更多的数据需要根据不同维度组织起来,以便进行管理和程序处理。根据组织数据时与数据"有联系"的参数的数量,数据维度可以分为一维数据、二维数据和高维数据。

一维数据是由具有对等关系的有序或无序数据构成的,采用线性方式组织,对应数学中的集合和一维数组。在 Python 语法中,一维列表、一维元组和集合都是一维数据。一维数据的各个元素可用逗号、空格等分隔。如国际经济合作主要论坛二十国集团(G20)的成员就是一条一维数据,可表示为:

中国,美国,日本,德国,法国,英国,意大利,加拿大,俄罗斯,欧盟,澳大利亚,南非,阿根廷,巴西,印度,印度尼西亚,墨西哥,沙特阿拉伯,土耳其,韩国

二维数据关系的参数数量为2,也称为表格数据,对应数学中的矩阵、表格。在 Python 语法中,二维列表、二维元组都是二维数组,如存储学生信息的表格(表 7-5)。

表 7-5 学生信息

学　号	姓　名	性　别	年　龄
20200001	张华	女	19
20200002	赵云	男	18
20200003	李全	男	19
20200004	黄依萍	女	20

高维数据采用键值对等简单的二元关系展示数据间的复杂结构,以对象方式组织,属于较好的数据组织方式。高维数据在网络中经常用到,如 HTML、XML、JSON 等都是高维数据。Python 中字典类型的数据是高维数据。如学生的成绩信息用字典表示:

```
dic = [{'姓名':'张华','大学英语':'92','高等数学':'90','程序设计':'90'},
       {'姓名':'赵云','大学英语':'82','高等数学':'95','程序设计':'96'},
       {'姓名':'李全','大学英语':'89','高等数学':'92','程序设计':'78'},
       {'姓名':'黄依萍','大学英语':'96','高等数学':'89','程序设计':'83'}]
```

7.3.2 一维、二维数据的存储与读写

数据包括文件存储和程序使用两种状态。存储不同维度的数据需要适合维度特点的文件存储格式,处理不同维度数据的程序需要使用相适应的数据类型或结构。因此,对于数据处理,需要考虑存储格式、表示与读写等问题。

1. 数据存储

一维数据呈线性排列,一般用特殊字符分隔,具体示例如下。

① 使用空格分隔,如:中国 美国 日本 德国 英国 意大利。

② 使用逗号分隔,如:中国,美国,日本,德国,英国,意大利。

注意:此处用于分隔的逗号必须是英文输入法的半角逗号,不能使用中文逗号。

③ 使用其他符号或符号组合分隔,如:中国 & 美国 & 日本 & 德国 & 英国 & 意大利。

注意:同一文件或同组文件一般使用同一种分隔符;分隔符不能出现在数据中;分隔符为英文半角符号,不使用中文符号作为分隔符。

二维数据可视为多条一维数据的集合,当二维数据只有一个元素时,这个二维数据就是一维数据。国际上通用的一维、二维数据存储格式为 CSV(Comma Separated Values,逗号分隔值),CSV 文件以纯文本形式存储表格数据,文件的每一行都对应表格中的一条数据记录,每条记录都由一个或多个字段组成,字段之间也使用逗号分隔。CSV 格式的应用有一些基本规则。

① 纯文本格式,通过单一编码表示字符。

② 以行为单位,开头不留空行,行之间没有空行。

③ 每行表示一条一维数据,多行表示二维数据。

④ 以逗号(英文,半角)分隔每列数据,列数据为空也要保留逗号。

⑤ 对于表格数据,可以包含或不包含列名,包含时列名放置在文件第一行。

如学生的成绩信息可表示为 score.csv:

```
学号,姓名,大学英语,高等数学,程序设计
20200001,张华,92,90,90
20200002,赵云,82,95,96
20200003,李全,89,92,78
20200004,黄依萍,96,89,83
```

CSV 广泛应用于商业和科学中,尤其是在不同体系结构下,网络应用程序之间表格信息的转换。

以 CSV 格式存储的文件扩展名为.csv,可通过 Windows 平台的记事本或 Excel 等工具打开,其他操作系统平台可使用文本编辑工具打开。

Python 提供了一个专门用于读写 CSV 的标准库,可通过 import csv 使用。基本的读写功能:csv.reader()、csv.writer()。

2. 数据读取

从 CSV 文件读取内容到列表:

```
f = open('score.csv', encoding='utf-8')
ls = []
for line in f:
    line = line.replace('\n','')
    ls.append(line.split(','))
print(ls)
f.close()
```

运行结果:

```
[['学号','姓名','大学英语','高等数学','程序设计'], ['20200001','张华','92','90','90'],
['20200002','赵云','82','95','96'], ['20200003','李全','89','92','78'], ['20200004','黄依萍',
'96','89','83']]
```

打开文件后对文件对象进行迭代,在循环中逐条获取文件中的记录,将一行作为一个列表元素。line.replace('\n','')是为了处理每行最后一个元素后面的换行符"\n",对于数据的表达和使用来说,这个换行符是多余的,用 replace()方法将其去除。line.split(',')将文件每行中用逗号分隔的数据分离成二维列表的元素。

3. 数据写入

将 score.csv 中的内容读出来,并添加总分项,将各科成绩进行求和,添加到每个学生的信息中。

```
f1 = open('score.csv','r+',encoding='utf-8')
ls = []
for line in f1:
    line = line.replace('\n','')
    ls.append(line.split(','))

f1.seek(0)
ls[0].append('总分')
for s in ls[1:]:
    total = sum(list(map(int,s[2:])))
    s.append(str(total))
for line in ls:
    f1.write(','.join(line) + '\n')
f1.close()
```

7.3.3 高维数据的存储与读写

二维数据可以看成一维数据的集合,三维数据可以看成二维数据的集合,以此类推,但是以这样层层嵌套的方式组织数据,会让高维数据的表示非常复杂,为了直观地表示数据间复杂的组织关系,一般在表示高维数据时不采用结构化的形式,而是用最基本的二元关系,即以键值对的形式进行格式化。

网络上传递的数据大都是高维数据,JSON(JavaScript Object Notation)是网络中最常见的高维数据格式,它是一种轻量级的数据交换格式,它的本质是一种被格式化了的字符,即易于人类阅读和编写,也易于机器解析和生成。在网络中常用 JSON 对高维数据进行表达和存储。JSON 表示键值对的基本格式,如"key":"value"。

JSON 存储数据应遵循以下语法规则。

① 数据存储在键值对中,如"学号":"20200001"。
② 键值对之间用英文逗号隔开,如"学号":"20200001","姓名":"张华"。
③ 大括号用于保存一个 JSON 对象,如{"学号":"20200001","姓名":"张华"}。
④ 方括号用于保存一组对象集合,即键值对数据组成的数组,如:

```
"计算机科学与技术 2020 学生":[{'姓名':'张华','大学英语':'92','高等数学':'90','程序设计':'90'},
                          {'姓名':'赵云','大学英语':'82','高等数学':'95','程序设计':'96'},
                          {'姓名':'李全','大学英语':'89','高等数学':'92','程序设计':'78'},
                          {'姓名':'黄依萍','大学英语':'96','高等数学':'89','程序设计':'83'}
                          ]
```

从最外层看,这个数据首先是一个键值对,key 是"计算机科学与技术 2020 学生",value 与 key 之间用冒号连接,value 本身是一个数组,这个数组中存储了多名学生的信息,每个学生的信息都用一个大括号括起来。

采用对象、数组方式组织起来的键值对可以表示任何结构的数据,这为计算机组织复杂数据提供了极大的便利。目前,万维网上使用的高维数据主要是 JSON 和 XML。

拓展:

XML(eXtensible Markup Language,可扩展标记语言)是 W3C 推荐的一种标准,它为在 Internet 上传送及携带数据信息提供标准格式,它用成对的标签来表示键值对,如:

```
<计算机科学与技术 2020 学生>
        <姓名>张华</姓名><大学英语>92</大学英语>,<高等数学>90</高等数学>
        <姓名>赵云</姓名><大学英语>82</大学英语>,<高等数学>95</高等数学>
        <姓名>李全</姓名><大学英语>89</大学英语>,<高等数学>92</高等数学>
        <姓名>黄依萍</姓名><大学英语>96</大学英语>,<高等数学>89</高等数学>
</计算机科学与技术 2020 学生>
```

XML 与 JSON 都可以表示高维数据,但是 XML 对 key 值要存储两次< key ></key >,而 JSON 只需要存储一次,且在数据交换时产生更少的网络带宽和存储需求,因此比 XML 更为常用。

使用 JSON 存储数据时,需要先导入 json 库(import json)。

json 库主要包括两类函数,即操作类函数和解析类函数。操作类函数主要完成外部 JSON 格式和程序内部数据类型之间的转换功能,解析类函数主要用于解析键值对内容。 JSON 格式包括对象和数组,分别用大括号“{}”和方括号“[]”表示,对应键值对的组合关系和对等关系。与 Python 数据类型进行转换时,一般来说 JSON 格式对应的对象将被 json 库解析成字典,数组被解析成列表。

json 库包含两个过程,即编码(encoding)和解码(decoding)。编码是将 Python 数据类型转换为 JSON 格式的过程,解码是从 JSON 格式中解析数据到对应的 Python 数据类型的过程。编码与解码实质上是数据类型序列化和反序列化的过程。JSON 操作函数如表 7-6 所示。

表 7-6　JSON 操作函数

函　数	描　述
json. dumps(obj, sort_keys=False,indent=None)	将 Python 数据类型转换为 JSON 格式,编码
json. loads(string)	读取字符串并将其转换为 Python 数据
son. dumps(obj,fp,sort_keys=False,indent=None)	将 Python 数据类型转换为 JSON 格式,输出到文件
json. load(fp)	从文件中读入 JSON 格式数据并将其转换为 Python 数据类型

json. dumps()中的 obj 可以是 Python 的列表或字典类型,当输入字典时,dumps()将其转换为 JSON 格式字符串。默认是顺序存放,sort_keys 可以对字典按照 key 进行排序,控制输出。indent 用于增加数据缩进,使生成的 JSON 格式字符串更具可读性。由于 JSON 库默认采用 Unicode 编码处理非西文字符,因此涉及中文时,想要正常读取中文,需要加上 ensure_ascii=False。

Python 数据类型与 JSON 互转:

```
import json
st = {"学号":"20200001","姓名":"张华","大学英语":"92"}
js = json.dumps(st,ensure_ascii = False)
print(js)
js2 = json.dumps(st,sort_keys = True,indent = 4,ensure_ascii = False)
print(js2)
ps = json.loads(js2)
print(ps)
```

运行结果：

```
{"学号": "20200001", "姓名": "张华", "大学英语": "92"}
{
    "大学英语": "92",
    "姓名": "张华",
    "学号": "20200001"
}
{'大学英语': '92', '姓名': '张华', '学号': '20200001'}
```

利用 JSON 读取文件、写入文件：

```
d = {"计算机科学与技术 2020 学生": [{'姓名':'张华','大学英语':'92','高等数学':'90','程序设计':'90'},
                              {'姓名':'赵云','大学英语':'82','高等数学':'95','程序设计':'96'},
                              {'姓名':'李全','大学英语':'89','高等数学':'92','程序设计':'78'},
                              {'姓名':'黄依萍','大学英语':'96','高等数学':'89','程序设计':'83'}
                              ]}

f = open("js1.json",'r +',encoding = 'utf-8')
json.dump(d,f,ensure_ascii = False ,indent = 4)
f.seek(0)
ps = json.load(f)
print(ps)
f.close()
```

运行结果：

```
{'计算机科学与技术 2020 学生': [{'姓名':'张华','大学英语':'92','高等数学':'90','程序设计':'90'},
{'姓名':'赵云','大学英语':'82','高等数学':'95','程序设计':'96'},{'姓名':'李全','大学英语':'89','高等数学':'92','程序设计':'78'},{'姓名':'黄依萍','大学英语':'96','高等数学':'89','程序设计':'83'}]}
```

同时会创建文件 js1.json。

7.4 文 件 应 用

7.4.1 用户登录案例

许多应用都会涉及数据的存储,文件作为存储数据的基本形式,与各种应用密不可分。特

148

别是在各类层出不穷的 App 中,用户登录是最基本的模块。

1. 功能分析

一般来说,用户登录分为管理员登录和普通用户登录,在用户使用软件时,系统会判断用户是否存在,若存在,则验证用户名与密码是否正确,从而决定是否登录成功,否则,询问用户是否注册。用户登录流程图如图 7-1 所示。

图 7-1 用户登录流程图

根据以上功能需求,用户管理模块应该包含以下文件(由于数据库连接知识未进行介绍,此处全用 CSV 文件)。

- 管理员用户文件 admin.csvv:用于保存管理员的账户信息。
- 普通用户文件 user.csv:用于保存普通用户注册的信息。

2. 程序设计

结合功能需求,设计程序接口,用户登录模块应包含的函数功能分别如下。

- main():程序的入口。
- menu():登录菜单。
- login():登录模块。
- register():用户注册。
- get_user():获取管理员或用户的账号信息。
- user_exist:判断用户名是否存在。

(1) 主函数:main()

为用户提供程序入口,先调用主菜单,让用户根据菜单进行选择,如果用户输入的选项不存在,则给出提示,让用户重新输入选择,再根据用户的选择调用登录函数。

```
def main():
    menu()
    n = input('请选择你的用户类型:')
    while n not in ['1','2']:
        n = input('你的选择不正确')
```

```
    login(n)
```

（2）显示主菜单：menu()

menu()主要用于显示界面,提供提示给用户。

```
def menu():
    print('--'*15)
    print('        请选择你的账号类型:')
    print('              1. 管理员')
    print('              2. 学生')
    print('--'*15)
```

（3）获取用户信息：get_user()

传递一个文件参数,指明打开哪个文件,以决定是获取管理员还是用户的账号信息。如果获取信息只需要账号、密码,则可以使用切片方式。

函数返回值为获取到的存放用户信息的列表。

```
def get_user(file):
    user = []
    f = open(file,'r',encoding='utf-8')
    t = f.read().split('\n')
    for u in t:
        if len(u) > 2:
            user.append(u.split(',')[:2])
    return user
```

（4）登录判断：login()

登录函数也设置一个参数,传递用户选择的用户类型。根据传递的参数,决定调用获取用户信息的函数 get_user()时传递哪一个文件信息给函数。如果用户选择"1",则以管理员身份登录,传递文件参数"admin.csv"给函数 get_user();如果用户选择"2",则以学生身份登录,传递文件参数"user.csv"给函数 get_user()。调用函数 get_user()时会得到用户信息的列表,将用户输入的账号与密码进行判断,先判断用户名是否存在,即调用函数 user_exist(),并将输入的用户名和文件名作为参数传递过去。

如果调用函数 user_exist()获得的返回值为真,则判断密码与列表中的密码是否相同,相同,则登录成功,不同,则给出提示。

如果调用函数 user_exist()获得的返回值为假,则表示用户名不存在,询问是否要注册新用户。要注册,则调用注册函数,并将用户名和用户类型作为参数传递过去。不需注册,则输出提示信息。

```
def login(n):
    if n == '1':
        file = 'admin.csv'
        user = get_user(file)[1:]
    elif n == '2':
        file = 'user.csv'
```

```
            user = get_user(file)[1:]
        username = input('请输入你的登录账号:')
        psw = input('请输入你的密码:')
        if user_exist(username,file):
            if [username,psw] in user:
                print('--' * 15)
                print('登录成功!')
                print('--' * 15)
            else:
                print('用户名与密码不相符')
        else:
            ans = input('用户名不存在,是否注册 Y/N? ')
            if ans.lower() =='n':
                print('感谢使用')
            elif ans.lower() =='y':
            register(username,n)
        else:
            print('你的选择不对')
            main()
```

（5）判断用户是否存在：user_exist（）

设定用户名和文件名作为参数，根据文件名，调用 get_user()函数，获得用户信息列表，再查看用户名是否在列表中存在，存在，返回真，不存在，返回假。

```
def user_exist(username,file):
    user = get_user(file)[1:]
    for u in user:
        if username == u[0]:
            return True
    else:
        return False
```

（6）用户注册：register()

将用户账号和用户类型作为参数，如果用户类型是管理，只要求用户输入密码，将用户账号和密码作为一个列表元素追加写入文件 admin.csv 中，如果是学生，则还需输入姓名、性别、年龄信息，将这些信息组合成一个列表元素，追写到文件 user.csv 中。

注意：写完文件，一定要关闭，否则会影响下次读取数据。

```
def register(username,f):
    psw = input('请输入你的密码:')
    if f =='2':
        name = input('请输入你的姓名:')
        sex = input('请输入你的性别:')
        age = input('请输入你的年龄:')
        newnuser = [username,psw,name,sex,age]
```

```
        f1 = open('user.csv','a',encoding='utf-8')
        f1.writelines('\n'+','.join(newnuser))
        f1.close()
    else：
        newnuser = [username,psw]
        file = open('admin.csv','a',encoding='utf-8')
        file.writelines('\n'+','.join(newnuser))
        file.close()
print('--'*15)
print('已注册成功,请登录')
print('--'*15)
login(f)
```

运行结果如图 7-2 所示。

(a) 登录注册过程

(b) 注册之前的 user.csv 文件

(c) 注册成功后的 user.csv 文件

图 7-2　运行结果

7.4.2　jieba 分词

jieba 库主要提供分词功能,可以辅助自定义分词词典。jieba 的分词原理是利用一个中文词库,将待分词的内容与分词词库进行比对,通过图结构和动态规划方法找到最大概率的词组。

jieba 分词的原理：

① 利用一个中文词库,确定汉字之间的关联概率;

② 汉字间关联概率大的组成词组,形成分词结果;

③ 除了分词,用户还可以添加自定义的词组。

jieba 库支持 3 种分词模式:

① 精确模式,将句子最精确地切开,适合文本分析;

② 全模式,把句子中所有可以成词的词语都扫描出来,速度快,但不能消除歧义,有冗余;

③ 搜索引擎模式,在精确模式的基础上,对长词再次进行切分,提高召回率,适合用于搜索引擎分词。

jieba 是第三方库,需要先安装才能使用。在命令行中安装的命令是:

```
pip install jieba
```

jieba 库常用分词函数如表 7-7 所示。

表 7-7 jieba 库常用分词函数

函 数	描 述
jieba.cut(s)	精确模式,返回一个可迭代的数据类型
jieba.cut(s,cut_all=True)	全模式,输出文本 s 中所有可能单词
jieba.cut_for_search(s)	搜索引擎模式,适合搜索引擎建立索引的分词结果
jieba.lclut(s)	精确模式,返回一个列表类型
jieba.lcut(s,cut_all=True)	全模式,返回一个列表类型
jieba.lcut_for_search(s)	搜索引擎模式,返回一个列表类型
jieba.add_word(w)	向分词字典中增加新词 w

需要使用 jieba 分词时,需要先导入 jieba 库。

```
>>> import jieba
>>> words = '中国是一个伟大的国家!'
>>> jieba.lcut(words)
['中国', '是', '一个', '伟大', '的', '国家', '!']
>>> jieba.lcut(words,cut_all = True)
['中国', '国是', '一个', '伟大', '的', '国家', '!']
>>> jieba.lcut_for_search(words)
['中国', '是', '一个', '伟大', '的', '国家', '!']
```

【案例 7-2】 人物出场次数统计。

人物出场次数统计是 Python 中词汇统计常见的案例。中文文章需要分词才能进行词频统计,中文分词用的是第三方库 jieba 库。

用 jieba 库进行人物出场统计时,很多非人名的词汇会出现,可以将人物名称先提出来存放到文件中。同时有些人的名字会出现特殊的情况,如《天龙八部》,在前半部中乔峰的名字是乔峰,后半部中名字变成了萧峰。再如,天山童姥有时也叫童姥。还有很多人的名字比较生僻,在分词时经常会出现不准确的切分,所以需要进行一些相关的处理。

统计《天龙八部》的人物出场次数前 10 的人物名称及次数。

```
import jieba
def get_text():
    f = open('天龙八部.txt','r',encoding='utf-8')
    text = f.read()
```

```
        f.close()
    txt = jieba.lcut(text)
    return(txt)
def get_name():
    f = open('name.txt','r',encoding='utf-8')
    name = (f.read().replace(' ','')).split(',')
    f.close()
    return name
def get_count(txt):
    name = get_name()
    count = {}
    for word in txt:
        if len(word) == 1:
            continue
        elif word == '乔峰' or word == '萧峰':
            rword = '乔峰'
        elif '段誉' in word:
            rword = '段誉'
        else:
            rword = word
        if rword in name:
            count[rword] = count.get(rword,0) + 1
    return count
def output(count):
    items = list(count.items())
    items.sort(key = lambda x:x[1],reverse = True)
    print('排名\t姓名    \t次数\t')
    for i in range(30):
        word,count = items[i]
        print('{:<4}\t{:<6}\t{}'.format(i+1,word,count))
if __name__ == '__main__':
    txt = get_text()
    count = get_count(txt)
    output(count)
```

运行结果如图 7-3 所示。

排名	姓名	次数
1	段誉	2988
2	乔峰	2329
3	虚竹	1546
4	王语嫣	920
5	慕容复	821
6	段正淳	780
7	木婉清	751
8	鸠摩智	600
9	阿朱	546
10	游坦之	515

图 7-3　人物出场次数前 10 的人物名称及次数

7.4.3　wordcloud

当我们手中有一篇文档时,比如新闻稿、书籍、小说、电影剧本,若想快速了解其主要内容是什么,则可以采用绘制 wordcloud(词云)图,显示主要的关键词(即高频词),这种方式来快速了解内容。

所谓词云就是通过形成"关键词云层"或"关键词渲染",对文本中出现频率较高的"关键词"予以视觉上的突出。词云图过滤掉大量的文本信息,使浏览者只要一眼扫过文本就可以领略文本的主旨。词云示意图如图 7-4 所示。

图 7-4　词云示意图

wordcloud 是 Python 的一个第三方库,称为词云,也叫作文字云,根据文本中的词频,对内容进行可视化的汇总。

安装 wordcloud 可以使用 Python 自带的 pip 工具来进行,在命令行的安装命令是:

```
pip install wordcloud
```

wordcloud 库的基本使用方法:wordcloud 库把词云当作一个 WordCloud 对象,根据文本中词语出现的频率等参数绘制词云,再绘制词云的形状,词云的尺寸和颜色都可以设定。

wordcloud 库常规使用方法是先创建 WordCloud 对象,语句格式:

```
w = wordcloud.WordCloud(string)
```

以 WordCloud 对象为基础,再进行配置参数、加载文本、输出文件等操作,WordCloud 对象的常用方法如表 7-8 所示。

表 7-8　WordCloud 对象的常用方法

方　　法	描　　述
w. generate(txt)	向 WordCloud 对象 w 中加载文本 txt,w. generate("Python and WordCloud")
w. to_file(filename)	将词云输出为图像文件,即. png 或. jpg,w. to_file("outfile. png")

创建词云的步骤如下。

① 创建对象并配置参数:w＝wordcloud. WordCloud(…)。

② 加载文本:w. generate(txt)。

③ 输出文件:w. to_file(filename) ,文件格式可以是. png 或者. jpg 等。

例如:

```
import wordcloud
words = 'Life is too short to learn Python. Python is a beautiful language'
w = wordcloud.WordCloud()
w.generate(words)
w.to_file('p.png')
```

运行结果如图 7-5 所示。

图 7-5　英文词云图

如果将字符串由英文改成中文,代码如下:

```
import wordcloud
words = '人生苦短,我用 Python,Python 是一种优美的语言'
w = wordcloud.WordCloud()
w.generate(words)
w.to_file('p.png')
```

运行结果如图 7-6 所示。

图 7-6　中文词云图

从图 7-6 中可以发现中文不能显示了,会出现乱码。这是由于 wordcloud 自带的字体 DroidSansMono. ttf 不支持中文。

解决方法为使用支持中文的字体来替代,这就涉及 WordCloud()类中的属性设置了。配置对象属性:

```
w = wordcloud.WordCloud(<参数>)
```

WordCloud()类中的常用属性如表 7-9 所示。

表 7-9 WordCloud()类中的常用属性

参 数	描 述
width	指定词云对象生成图片的宽度,默认为 400 像素
height	指定词云对象生成图片的高度,默认为 200 像素
min_font_size	指定词云中字体的最小字号,默认为 4 号
max_font_size	指定词云中字体的最大字号,根据高度自动调节
font_step	指定词云中字体字号的步进间隔,默认为 1
font_path	指定字体文件的路径,默认为 None
max_words	指定词云显示的最大单词数量,默认为 200
stop_words	指定词云的排除词列表,即不显示的单词列表
mask	指定词云形状,默认为长方形,需要引用 imread()函数
background_color	指定词云图片的背景颜色,默认为黑色

- width:int 类型,default＝400。输出的画布宽度默认为 400 像素。
- height:int 类型,default＝200。输出的画布高度默认为 200 像素。
- min_font_size:整数类型,default＝4,显示最小的字体。
- max_font_size:整数类型或者 None,default＝None,显示最大的字体。
- font_step:整数类型,default＝1 ,字体步长,如果步长大于 1,会加快运算,但是可能导致结果出现较大的误差。
- font_path:字符串类型,指明字体路径,需要展现什么字体就把该字体路径与后缀名写上,如 font_path ＝ '黑体. ttf'。
- max_words:整数类型,default＝200,要显示词的最多个数。
- stop_words:集合类型或者 None,集合元素为字符串类型。设置需要屏蔽的词,如果为空,则使用内置的 stopwords。
- mask:高维数据或 None,default＝None。如果参数为空,则使用二维遮罩绘制词云。如果 mask 非空,设置的宽高值将被忽略,遮罩形状被 mask 取代。除全白(♯FFFFFF)的部分不会绘制,其余部分都会用于绘制词云。如 bg_pic ＝ imread('读取一张图片. png'),背景图片的画布一定要设置为白色(♯FFFFFF),然后显示的形状为不是白色的其他颜色。可以用 ps 工具将自己要显示的形状复制到一个纯白色的画布上,然后再保存。
- background_color :颜色值,default ＝ "black",背景颜色,如 background_color ＝ 'white',背景颜色为白色。

除了表 7-9 中列出的这些常见属性外,还有如下属性。

- prefer_horizontal：float（default＝0.90），词语水平方向排版出现的频率，默认为 0.9（所以词语垂直方向排版出现的频率为 0.1）。
- scale：浮点数类型，float（default＝1），按照比例放大画布，如设置为 1.5，则长和宽都是原来画布的 1.5 倍。
- mode：字符串类型，string（default＝"RGB"），当参数为"RGBA"并且 background_color 不为空时，背景为透明。
- relative_scaling：浮点数类型，float（default＝0.5），词频和字体大小的关联性。
- color_func：调用 callable，default＝None，生成新颜色的函数，如果为空，则使用 self. color_func。
- regexp：string 或 None（optional），使用正则表达式分隔输入的文本。
- collocations：bool，default＝True，是否包括两个词的搭配。
- colormap：string 或 matplotlib colormap，default＝"viridis"，给每个单词随机分配颜色，若指定 color_func，则忽略该方法。

例如，设置背景为白色，将中文字体以黑体显示，代码如下：

```
import wordcloud
words = '人生苦短,我用 Python,Python 是一种优美的语言'
w = wordcloud.WordCloud(background_color='white', font_path="simhei.ttf")
w.generate(words)
w.to_file('p.png')
```

运行结果如图 7-7 所示。

图 7-7　正确显示的中文词云

　　如果想要显示的词云以某种图像的样式显示，图 7-4 中的词云就是以某种指定的形状显示的，则需要设置 mask 属性。同时需要有一张相应的用于遮罩的图像，例如将图 7-5 显示成五角星的形状，需要先准备一个五角星的图像文件 fivestart.png，如图 7-8(a)所示，再将代码修改如下：

```
import wordcloud
from imageio import imread
words = 'Life is too short to learn Python ,Python is a beautiful language'
image = imread("fivestart.png")
w = wordcloud.WordCloud(font_path="simhei.ttf",mask = image)
w.generate(words)
```

```
w.to_file('p.png')
```

运行结果如图 7-8(b)所示。

(a) 遮罩图像五角星　　　　　(b) 遮罩显示词云效果

图 7-8　mask 遮罩显示词云

其实从图 7-7 中可以看出,中文是没有被分割的,整个一句作为一个整体显示,这不符合中文的词语显示习惯,故需要与 jieba 结合来显示词云。一般来说,将中文文本变成词云的步骤如下。

① 分隔:以空格分隔单词。

② 统计:统计单词出现次数并过滤。

③ 字号:根据统计配置字号。

④ 布局:颜色、环境、尺寸。

【案例 7-3】　词云显示政府工作报告。

现有 2020 年政府工作报告文件"2020 年政府工作报告.txt",编写程序,用词云提取并显示 2020 年的工作重点,并以中国地图文件 chinamap.jpg 作为词云显示形状。

案例分析:

首先是文件的读取,利用文件的读方法将文本内容一次性读取出来。

其次用 jieba 对中文内容进行分词,得到词语列表。对列表中的词语以空格间隔进行合并,使整个列表的内容再次变成一个字符串,以匹配 WordCloud 对象的参数是字符串类型的要求。

再次需要用图像形状作为 mask 属性,故先导入图像的读取 imageio 库,将读图像文件的方法 imread() 导入。用 imread() 方法将图像"chinamap.jpg"读取出来。

最后创建词云对象,并按需求进行属性参数设置。生成词云,并将词云图像保存成文件。

实现代码如下:

```
import jieba
import wordcloud
from imageio import imread
mk = imread("chinamap.jpg")
f = open("2020 年政府工作报告.txt", "r", encoding = "utf-8")
txt = f.read()
f.close()
ls = jieba.lcut(txt)
```

```
text = " ".join(ls)
w = wordcloud.WordCloud(\
    width = 1000, height = 700,\
    background_color = "white",
    font_path ='STZHONGS.TTF', mask = mk)
w.generate(text)
w.to_file("grw2.png")
```

运行结果如图 7-9 所示。

图 7-9 政府报告词云

课 后 习 题

1. 自动轨迹绘制。打开文本文件，读取其中的数据，根据数据脚本来绘制图，由数据脚本来实现自动绘制轨迹。数据内容如图 7-10 所示：每一行的第 1 个数字表示行进的距离；第 2 个数字表示是否需要转向，"0"表示左转，"1"表示右转；第 3 个数字表示转向的角度；第 4、5、6 个数字表示线条的 RGB 值。最后根据数据可绘制图 7-11 所示的五角星。

2. 统计《三国演义》的人物出场次数，输出前 20 名的出场人物。

3. 新建一个文件，命名为 price.csv，在文件中输入题 4 中的内容，从 CSV 文件中读取数据到列表，逐行处理 CSV 格式数据。去掉内容中的逗号，打印到屏幕。

4. 将下列数据写入 price.csv 文件中：

北京　　　　101.7　　　122.7　　　123.5

上海	101.4	133.1	133.8
南京	103.6	134.9	134.2
杭州	102.4	119.1	119.5
天津	102.4	117.0	116.9
石家庄	102.7	108.1	108.2
沈阳	100.1	101.4	101.6
大连	99.4	99.7	100.2
长春	100.1	101.2	101.0
哈尔滨	99.8	101.3	101.4

data - 记事本

文件(F)　编辑(E)　格式(O)　查看(V)　帮助(H)

```
300, 0, 144, 1, 0, 0
300, 0, 144, 0, 1, 0
300, 0, 144, 0, 0, 1
300, 0, 144, 1, 1, 0
300, 0, 108, 0, 1, 1
184, 0, 72, 1, 0, 12, 9
184, 0, 72, 0, 0, 0
184, 0, 72, 0, 0, 0
184, 0, 72, 1, 0, 1
184, 1, 72, 0, 0, 0
184, 1, 72, 0, 0, 0
184, 1, 72, 0, 0, 0
184, 1, 72, 0, 0, 0
184, 1, 720, 0, 0, 0
```

图 7-10　数据内容

图 7-11　五角星

5. 读取 price.csv 文件,将其中的数据读出,将数字部分计算出百分比后输出到 price_out.csv 文件。

6. 将小说《三国演义》中的内容以词云的形式显示出来。

第8章 面向对象

问题导向

- 如果面向过程的函数中用到较多的全局变量,如何优化?
- 问题复杂度高且要重复利用,如何更好地解决?
- 一个项目如何分配任务、定义接口?

重点与难点

- 类与对象的关系。
- 类方法与类属性,对象方法与对象属性。
- 单重继承与多重继承。
- 装饰器的应用。

知识导图

Python 之旅——旅游攻略

前人栽树,后人乘凉。每次旅行之前,大家都会参考前人的旅行体验和攻略,做出自己的旅行规划。Python 提供了一种新的旅游攻略:面向对象程序设计。不同于以往面向过程编程中直白地表示变量、定义函数,在面向对象编程的方法中,将所有的实际事物看成对象,将对象相应的特性看成属性——对应变量,将对象相应的动作、行为看成方法——对应函数。具有相同特征的事物又统一称为一个类,所有的方法属性都封装在类中。

在这一站,让我们来体验这种全新的攻略方法面向对象程序设计吧。

现实世界中存在各种不同形态的事物,这些事物之间存在着各种各样的联系。在程序中通过对象来映射现实中的事物,用对象之间的关系来描述事物之间的联系,这种思想就是面向对象。

面向对象程序设计(Object Oriented Programming,OOP)对现实世界事物所包含的属性和行为进行概念化建模,以反映其特征,通过编程"虚拟"地将它们实现在计算机系统中。

前面章节都是面向过程的程序设计,即把计算机程序看成一系列的命令集合,即一组函数的执行。面向过程的思想是分析出解决问题的步骤,然后用函数把这些步骤——实现,使用的时候依次调用即可。只考虑在函数中封装代码逻辑,而不考虑函数的归属关系。

面向对象则把解决问题的事物提取为多个对象,而建立对象的目的也不是为了完成一个个步骤,而是为了描述某个事物在解决整个问题的过程中所发生的行为。面向对象是一个更大的封装,根据对象职责明确函数的归属关系。

比如如何把一头大象装进冰箱,如图 8-1 所示。谁来开门? 这正是面向过程和面向对象的根本区别。

图 8-1 把大象放进冰箱

面向过程的解决思路是:一是打开冰箱门,二是把大象装进去,三是关上冰箱门。过程由程序员来控制,当需要放很多头大象进去时,就需要程序员逐个打开冰箱的门,每增加一个冰箱,就需要去打开一次门。

面向对象的思想是:冰箱会自己把门打开,自己把大象装进去,自己把门关上。人们不需要了解这一过程是如何实现的,只需要在把大象装进冰箱的时候,跟冰箱说一句:"嘿,你把大象装进去吧。"在此过程中,分析出每个参与解决问题的对象(冰箱),并确定这些对象的行为(开门,装大象,关门),最终由这些对象完成问题的编程思想。在面向对象编程中,冰箱设计图纸被称为类,而按照这张图纸生产出来的一个个冰箱,则被称为类的实例或者对象,这一生产过程就被称为类的实例化。

8.1 类 和 对 象

所谓"物以类聚,人以群分",类(class)是具有相似特征和行为的事物集合,即同一类型的事物,如大学生、小学生都属于学生类。

"万物皆对象",对象(object)是一个抽象概念,表示任意存在的事物,通常将对象划分为两个部分,即静态部分与动态部分。静态部分被称为属性,描述对象某一方面的特征或状态,任何对象都具备自身属性,这些属性不仅是客观存在的,而且是不能被忽视的,如学生的姓名、性别等。动态部分是对象的行为,即对象执行的动作,称为方法,如看书、上课、写代码等。

类是对某类事物的抽象描述,是同一类对象的模板,即属于该类对象设计方案的固定格式,而对象是现实中该类事物的一个具体个体,如张三是一名小学生。简单来说:类是对象的抽象,对象是类的实例化。

8.1.1 类的使用

1. 类的定义

类(class)是指把具有相同特性(数据)和行为(函数)的对象抽象为类。类的特性通过数据来体现,类的行为通过函数来操作。现实世界的对象都可能抽象为数据和函数相结合的一种特殊结构的新数据类型。其中通过类的局部变量来实现对数据的读写操作,通过函数来实现对类的相关行为进行操作。

对事物抽象成类的过程需要这样几步:

① 归类,将所有同类型的事物归为一类;

② 提取事物特性;

③ 确定事物相关的操作行为。

在 Python 中,类表示具有相同属性和方法的对象集合,在使用类时,需要先定义类,然后再创建类的实例,使用关键字 class 来定义类,定义格式如下:

```
class 类名(父类名):         ♯使用 class 定义类
   属性名 = 属性值          ♯定义类属性
   def  方法名():           ♯定义方法
       方法体
```

一般来说定义类时,类名首字母大写。如果类继承自某一个父类,则将父类写在括号中,若无父类则用 object,也可省略不写。

定义一个冰箱类和相应方法的代码如下:

```
class Fridge():
    def open(self):
        print('打开冰箱门')
    def pack(self, goods):
        self.goods = goods
        print('将%s装进冰箱'% self.goods)
    def close(self):
        print('关上冰箱门')
```

2. 对象的创建

对象是类的实例化,类是对象的抽象,即创建对象的模板。创建类之后,需要通过创建对象来使用类,格式如下:

```
对象名 = 类名()
```

通过冰箱类来创建一个实际的冰箱对象,代码如下:

```
fridge1 = Fridge()
```

8.1.2　属性与方法

1. 类属性

属性用于描述事物的特征,如颜色、大小、数量等。属性可以分为类属性和对象属性。

类的属性存储了类的各种数据,定义在类的内部、方法的外部,由该类所有的对象共同拥有。类属性可以通过类名访问,也可以通过对象名访问,但只能通过类名修改。

属性调用格式:

```
对象名.属性名
```

如给冰箱类定义两个属性:冰箱编号、物品编号。代码如下:

```
class Fridge():
    No = 0                    #类属性——冰箱编号
    Num = 0                   #类属性——物品编号
```

2. 对象属性

对象属性是对象特征的描述,定义非常灵活,可在方法内部定义,也可在调用实例时动态添加。

在对象方法里可以使用 self 关键字定义和访问对象属性,同名的对象属性会覆盖类属性。在类中定义的方法经常需要有自己需要的参数,这类参数称为对象属性,可以在方法中定义,也可以调用时定义。在方法中定义时以 self 作前缀,且只能通过对象名访问。如给冰箱类定义一个对象属性(物品名称),在调用时添加一个新属性 num,代码如下:

```
class Fridge():
    Num = 0
    def pack(self, goods):          #在方法中定义一个对象属性 goods
        self.Num += 1               #利用对象对类属性进行修改
        self.goods = goods          #对象属性——物品名称
        print('冰箱装入 %d 号物品 %s'%(self.Num,self.goods))
fridge1 = Fridge()
fridge1.Num = 4                      #调用时添加新的对象属性 Num
fridge1.pack('大象')
fridge2 = Fridge()
fridge2.pack('小象')
```

运行结果如下:

```
冰箱装入 5 号物品大象
冰箱装入 1 号物品小象
```

上面的代码中,先创建了一个对象 fridge1,再通过属性赋值设置 Num 的值为 4,在调用时,通过对象 fridge1 调用了方法 pack(),并传入"大象"给对象属性 goods,而对象 fridge2 创建后直接调用方法 pack()。从运行结果看 fridge1 修改的 Num 值仅对当前对象本身有效,对其他对象无效,因此对象 fridge2 调用时,重新编号。

165

　　由此可知对象和类都可访问类属性的值,但是对象不能修改类属性的值,可以通过定义与类属性同名的属性,覆盖类属性。

　　对象属性可动态创建,也可动态删除,使用语句:

```
del 对象名.属性名
```

　　例如,删除上面冰箱对象 fridge1 的 Num 属性:

```
del fridge1.Num
print(fridge1.Num)
```

　　输出结果将会是 0。如果类属性中并无相应同名属性,会因为无法访问相应属性,而导致解释器发生异常,运行结果将会报错。

3. 对象方法

　　对象方法也称为实例方法,是在类中定义的,以关键字 self 作为第一个参数的方法。对象方法的 self 参数代表调用这个方法的对象本身,在方法调用时,可以不用传递这个参数,系统会自动将调用方法的对象作为 self 参数传入。

　　类中定义的方法必须有一个参数 self,位于参数列表的开头,代表类的实例(即对象自身)。在内部可以使用 self 调用类的属性和成员函数。在外部则使用对象名来调用对象方法,且不需要传递这个参数。如果在外部通过类名来调用对象方法,则需要显式为 self 传值。

```
class Fridge():
    Num = 0
    def pack(self, goods):              #定义对象方法
        self.Num += 1                   #同名对象属性覆盖类属性
        self.goods = goods
        print('冰箱装入%d号物品%s'%(self.Num,self.goods))
fridge1 = Fridge()
fridge1.pack('大象')                     #调用对象方法
Fridge.pack(fridge1,'小象')
```

　　上面代码中的 pack(self, goods) 为对象方法,调用时,无须为 self 传递参数。

　　对象方法是属于对象的方法,对象可以直接调用,但是类不可以直接调用对象方法,如果类想要调用对象方法,需要将类或者该类的对象作为参数传递给 self。代码如下:

```
class Fridge():
    Num = 0
    def pack(self, goods):
        self.Num += 1
        self.goods = goods
        print('冰箱装入%d号物品%s'%(self.Num,self.goods))
fridge1 = Fridge()
fridge1.pack('大象')              #对象直接调用对象方法
Fridge.pack(fridge1,'小象')      #类通过传递类的对象调用对象方法
Fridge.pack(Fridge,'小象')       #类通过传递类调用对象方法
```

4. 构造方法和析构方法

在类的方法中,有两种特殊的方法,分别在类创建时和销毁时自动调用,它们是构造方法 __init__() 和析构方法 __del__()。

使用"类名()"可以创建对象,但实际上,每次创建对象后,系统会自动调用 __init__() 方法。每个类都有一个默认的构造方法,如果在自定义类时显示定义了,则创建对象时调用定义的 __init__()。

__init__()方法的第一个参数是 self,即代表对象本身,不需要显示传递实参。但是在创建类时传入的参数实际上都传递给了 __init__()。如将冰箱开门的动作设为自动的,只要创建冰箱自动就会调用开门,代码如下:

```python
class Fridge():
    No = 0
    Num = 0
    def __init__(self):          # 自定义构造方法
        Fridge.No += 1
        print('打开%d号冰箱门'% Fridge.No)
fridge1 = Fridge()               # 实例化对象时自动调用构造方法
fridge2 = Fridge()
```

运行结果如下:

```
打开1号冰箱门
打开2号冰箱门
```

在创建对象时,系统会自动调用 __init__() 方法,在对象被清除的时候,系统则会自动调用析构方法 __del__()。

__del__()的使用说明如下。

- 函数名和参数:Python 解释器内部约定,保留方法。
- 调用条件:当实例对象被真实删除时,才调用该函数内语句。
- 真实删除:当前对象的引用数为 0 或当前程序退出(垃圾回收)。

清除对象使用 del 语句,del 语句可以删除对象的一个引用,代码如下:

```python
class Fridge():
    No = 0
    def __init__(self):
        Fridge.No += 1
        print('打开%d号冰箱门'% Fridge.No)
    def __del__(self):           # 自定义构造方法
        print('冰箱被销毁了')
fridge1 = Fridge()
del fridge1                      # 清除对象
```

运行结果如下:

```
打开1号冰箱门
冰箱被销毁了
```

5．类方法

类方法是使用修饰器@classmethod 修饰的方法，由所有实例对象共享，可以对外提供简单易用的接口。它以 cls 作为第一个参数，代表类本身，在调用时，不需要传递这个参数，系统会自动将调用它的类作为参数传入。

类方法可以对类属性进行修改。类方法只能操作类属性和其他类方法，不能操作实例属性和实例方法。

通过前面对象方法的知识，我们知道，在对象方法中无法给类属性赋值，在对象方法中对类属性赋值相当于动态创建一个同名的对象属性。下面的代码分别使用对象方法和类方法来对类属性进行操作：

```
class Fridge()：
    No = 0
    Num = 0
    def add_No1(self)：        #定义对象方法
        self.No += 1           #修改类属性 No
        print('打开%d 号冰箱门'%Fridge.No)
    @classmethod
    def add_No2(cls)：         #定义类方法
        cls.No += 1            #修改类属性 No
        print('打开%d 号冰箱门'%Fridge.No)
fridge1 = Fridge()
fridge1.add_No1()             #通过对象调用对象方法
Fridge.add_No2()             #通过类调用类方法
fridge1.add_No2()             #通过对象调用类方法
```

运行结果如下：

```
打开 0 号冰箱门
打开 1 号冰箱门
打开 2 号冰箱门
```

从运行结果可以看出，调用了对象方法 add_No1()后，类属性 No 的值并没有改变，因为对象方法中的代码"self. No +=1"实际上创建了一个同名的对象属性，并不是改变类属性的值。而调用了 add_No2()后，通过语句"cls. No += 1"，类属性 No 的值才是真正被修改为 1 了。

Python 是一种很灵活的语言，对于类方法的调用也是相当灵活的，可以由类调用类方法，也可以由对象调用类方法。但是当用对象调用类方法时，系统会自动将对象所属的类作为第一个默认参数传递给类方法的 cls。

类方法可以与对象方法进行转换，通过使用内置函数 classmethod()的方式将一个普通的方法转换为类方法。如语句"p_to_class = classmethod(add_No)"就能将对象方法 add_No1()转换为类方法。

6．静态方法

静态方法是使用装饰器@staticmethod 进行修饰的方法，它不需要传入默认参数，所以与类并没有很强的联系。也正是因为没有传入默认参数,所以在静态方法中不能直接访问类的属性和方法,需要通过<类名.方法名>或<类名.属性名>的方式来访问。

静态方法相当于面向过程中定义的函数,适合进行与类无关的操作,不需要在方法内使用类的相关数据。比如一些工具类,只需要根据传入的参数进行操作即可。

静态方法与类方法的区别:

- 类方法有 cls 参数,而静态方法没有;
- 类方法可以根据传入的参数访问类的数据,静态方法不可以;
- 静态方法不经过实例化就可以直接使用;
- 静态方法和静态变量属于某一个类,而不属于类的对象。

对象方法、类方法和静态方法的特征归纳如表 8-1 所示。

表 8-1 对象方法、类方法和静态方法的特征

方 法	第一个参数	修饰器	类和对象访问
对象方法	self	无	对象.方法名 类.方法名(类)或类.方法名(对象)
类方法	cls	@classmethod	对象和类均可直接访问
静态方法	无	@staticmethod	对象和类均可直接访问

8.1.3 访问限制

在开发过程中,经常会遇到不希望对象的某些属性被外界随意访问和修改的情况。这时需要限制外界对属性的操作在我们的控制范围之内,一般的处理方式是:将属性定义为私有属性,再添加一个公有方法,用于属性的操作。

私有属性和私有方法的定义方法是在变量名称前加上双下划线,如__age()。

调用时可通过对象名._类名__私有属性名,或者类名._类名__私有属性名进行访问。

例如,在冰箱的制造中,核心技术都要保密,可以将核心技术涉及的属性设为私有属性,再定义一个公有方法来访问,如设置冰箱制冷的温度为私有属性,代码如下:

```python
class Fridge():
    def __init__(self):
        self.__temperature = 0          #定义私有属性,初始值为0
        self.control = False
    def get_temperature(self):          #定义公有方法,用于访问私有属性
        if self.control:
            print('当前制冷温度是:',self.__temperature)
        else:
            print('设置无效,限制访问!')
    def set_temperature(self,temperature): #定义公有方法,用于修改私有属性
        if -30 < temperature < 15:
            self.__temperature = temperature
            self.control = True
```

```
        else:
            print('超出了冰箱的制冷范围！')
            self.control = False
fridge1 = Fridge()
fridge1.set_temperature(18)
fridge1.get_temperature()
```

运行结果如下：

```
超出了冰箱的制冷范围！
设置无效,限制访问！
```

在上述代码中,定义了 get_temperature()方法,用于获取对象私有属性 __temperature 的值,由于在方法中访问私有属性,故而设置了一定的条件进行判断(也可以不设),检测是否有权限进行访问控制。又定义了 set_temperature()方法,用于设置私有属性的值,在该方法中对传入的参数进行判断,只有在规定的温度范围内才被视为有温度设置,这样可以确保对象数据属性的合理性。

除了这种通过公有方法来访问和设置私有属性的方法,Python 还提供了另一种既能检查参数,又能像直接访问公有属性那样的便捷方式,即使用@property 装饰器。

@property 装饰器可以把方法变成属性调用。把一个 get()方法变成属性,只需要为它加上@property 装饰器即可,还可以创建另一个装饰器@XXX.setter,把 set()方法变成属性的赋值方法。将上面的代码进行修改,如下：

```
class Fridge():
    def __init__(self):
        self.__temperature = 0        #定义私有属性,初始值为 0
        self.control = False
    @property                         #用@property 装饰器将 get()方法变成属性
    def temperature(self):
        if self.control:
            print('当前制冷温度是:',self.__temperature)
        else:
            print('设置无效,限制访问！')
    @temperature.setter               #用@XXX.setter 装饰器将 set()方法变成属性
    def temperature(self,temperature):
        if -30 < temperature < 15:
            self.__temperature = temperature
            self.control = True
        else:
            print('超出了冰箱的制冷范围！')
            self.control = False
fridge1 = Fridge()
fridge1.temperature = 18              #通过直接赋值设置属性 __temperature 的值
fridge1.temperature                   #对属性直接进行访问
```

8.1.4　面向对象的方法应用——简易计算器

【案例 8-1】　简易计算器。

计算器可以用面向过程和面向对象两种不同的方式实现。将计算器的设计从面向过程转换为面向对象实现，以便读者深入地理解面向对象编程中方法的定义与应用。

用面向过程的方法来实现简易计算器，可以将各种计算封装成一个函数，一个函数一种计算。实现代码如下：

```python
result = 0
def add(n):
    global result
    result += n
def minus(n):
    global result
    result -= n
def multiply(n):
    global result
    result * = n
def divide(n):
    global result
    result / = n
#计算(5 + 6 - 3) * 4/2
add(5)
add(6)
minus(3)
multiply(4)
divide(2)
print(result)
```

在这段代码中存在这样的问题：

① 首先，result 是个全局变量，在很多地方都可以对其进行修改，一旦在程序编写过程中不小心修改了它的值，会直接导致结果出错；

② 其次，代码特别散乱，各函数都是独立的个体，没有相关性。

改进思想：把这些零散的东西封装起来，放在一个整体的内部，这样就可以将各运算变成一个工具箱来使用。采用面向对象的思想来实现，首先针对全局变量，可以将它封装成类属性，其次针对函数的不相关性，在运算方法中，不需要对实例对象进行操作，只需要操作类属性，那么参数传递也只需要传递类，故而可以将计算函数封装成类方法。实现代码如下：

```python
class Caculator(object):
    result = 0
    @classmethod
    def __init__(cls,n):
        cls.result = n
```

```
@classmethod
def add(cls,n):
    cls.result += n
@classmethod
def minus(cls,n):
    cls.result -= n
@classmethod
def multiply(cls,n):
    cls.result * = n
@classmethod
def divide(cls,n):
    cls.result / = n


# 计算(5 + 6 - 3) * 4/2
c1 = Caculator(5)
c1.add(6)
c1.minus(3)
c1.multiply(4)
c1.divide(2)
print(c1.result)
```

这段代码解决了面向过程的缺陷,但又存在新问题:一个类属性在内存空间中只有一个内存地址,就使得无法进行多个表达式的运算。因为同时进行多个运算时,都在修改同一个内存地址的值,就会造成结果混乱。

改进思想:将类属性 result 改成实例属性,将各运算方法改成实例方法,将初始化值改成构造方法,输出结果变成实例方法。调用时,先创建对象,让对象调用对应的实例方法,则可实现多表达式的运算。实现代码如下:

```
class Caculator(object):
    def __init__(self,n):
        result = 0
        self.result = n
    def add(self,n):
        self.result += n
    def minus(self,n):
        self.result -= n
    def multiply(self,n):
        self.result * = n
    def divide(self,n):
        self.result / = n
    def show(self):
        print('计算结果是:%d'% self.result)


# 计算(5 + 6 - 3) * 4/2
```

```
c1 = Caculator(5)
c1.add(6)
c1.minus(3)
c1.multiply(4)
c1.divide(2)
c1.show()
```

如果想添加一个容错功能,当传入的参数不是数值时,给出报错,则添加一个实例方法来实现容错功能。实现代码如下:

```
class Caculator(object):
    def check(self,n):
        if type(n)! = type(1):
            raise TypeError('不是整数')
    def __init__(self,n):
        self.check(n)
        self.result = n
    def add(self,n):
        self.check(n)
        self.result += n
    def minus(self,n):
        self.check(n)
        self.result -= n
    def multiply(self,n):
        self.check(n)
        self.result * = n
    def divide(self,n):
        self.check(n)
        self.result / = n
    def show(self):
        print('计算结果是:%d'% self.result)

#计算(5 + 6 - 3) * 4/2
c1 = Caculator(5)
c1.add(6)
c1.minus(3)
c1.multiply(4)
c1.divide(2)
print(c1.result)
```

添加容错功能后产生了新的问题:添加容错处理后,破坏了方法的单一职责功能。

改进:使用装饰器(decorate),将容错功能封装在装饰器中,通过装饰器装饰相应方法,使函数具有某种功能。

装饰器的作用就是为已经存在的函数或对象添加额外的功能。装饰器本质上是一个 Python 的高阶函数,它可以让其他函数在不需要做任何代码变动的前提下增加额外的功能。

它接收一个函数作为参数,然后,返回一个新函数。使用装饰器要用 Python 提供的 @ 语法,这样可以避免手动编写 f = decorate(f) 这样的代码。

使用装饰器有两大优势:一是使代码的可读性更高;二是代码结构更加清晰,代码冗余度更低。

在使用装饰器时,需要注意以下几点:

① 先定义函数,再修饰它,反之编译器会不认识它;

② 修饰符"@"后面必须是之前定义的某一个函数;

③ 每个函数都可以有多个修饰符。

不带参数装饰器的基本格式:

```
def decorate (func):
    def inner(args):
        功能语句
        return func(args)
    return inner
@ decorate
def function(args):
    函数体
```

注意:inner()函数中的参数必须与被装饰的函数 function()的参数完全一致。

带参数装饰器的基本格式:

```
def decorate (parameter):
    def decorat_inner (func):
        def inner(args):
            功能语句
            return func(args)
        return inner
    return decorat_inner


@ decorate(实参)
def function(args):
    函数体
```

用装饰器给计算器添加一个数字判断的功能,代码如下:

```
class Caculator(object):
    def check(func):
        def inner(self,n):
            if type(n)!= type(1):
                raise TypeError('不是整数')
            return func(self,n)
        return inner
    @check
    def __init__(self,n):
```

```
        self.result = n
    @check
    def add(self,n):
        self.result += n
    @check
    def minus(self,n):
        self.result -= n
    @check
    def multiply(self,n):
        self.result * = n
    @check
    def divide(self,n):
        self.result / = n
    def show(self):
        print('计算结果是：% d'% self.result)

#计算(5 + 6 - 3) * 4/2
c1 = Caculator(5)
c1.add(6)
c1.minus(3)
c1.multiply('4')
c1.divide(2)
print(c1.result)
```

8.2 封　　装

8.2.1　面向对象的特征

面向对象有三大特征：封装、继承、多态。

- 封装(encapsulation)：是指将对象的属性和行为(数据和操作)都包裹起来形成一个整体，不需要让外界关心内部的具体实现细节。封装包含对象的属性和行为，对象的属性由若干个数据组成，而对象的行为则由若干个操作组成，这些操作都是通过函数实现的，也称为方法。
- 继承(inheritance)：主要描述的是类与类的关系，继承提供了创建新类的一种方法，在不必重写类的情况下，对原有类的功能进行扩展，表现了特殊类与一般类的关系。特殊类具有一般类的全部属性和行为，并还具有自己的特殊属性和行为，这就是特殊类对一般类的继承。通常将一般类称为父类(基类)，将特殊类称为子类(派生类)。继承不仅增加了代码的复用性，还提高了开发效率，为程序的后期维护也提供了便利。
- 多态(polymorphism)：多态与继承紧密相关，指一种行为对应多种不同的实现，即对象根据接收到的消息做出动作，同样的消息在被不同的对象接收时，可产生完全不同的结果。多态性的表现就是允许不同类的对象对同一消息做出响应,即同一消息可以调用不同的方法,而实现的细节则由接收对象自行决定。

通常把隐藏属性、方法与方法实现细节的过程称为封装。封装有利于模块化设计,使代码更容易维护,同时因不能直接调用、修改内部私有信息,能提高系统的安全性。

比如,要计算圆的面积,可以在圆的类中定义一个方法,用来计算圆的面积,每次计算某个圆的面积时,只需要调用这个方法,并传递圆的半径值,即可得到圆的面积,整个过程不需要关心圆的面积是如何计算的。

```
class Circle():
    def get_area(self, r):
        return 3.14 * r * r
c1 = Circle()
c1.get_area(10)
```

8.2.2 封装实践应用

【案例 8-2】 学生信息管理系统面向对象版。

1. 案例设计目的

- 理解并掌握类与对象的定义与创建。
- 掌握类的属性和方法的使用规则。
- 掌握封装的应用。
- 熟练应用面向对象程序设计思想。

2. 案例分析

将由第 7 章的面向过程方法实现的学生信息管理系统改编成由面向对象方法来实现,系统模块设计可改成如图 8-2 所示。

图 8-2 学生信息管理系统模块图

设计思路如下。

将学生作为一个类,为它创建学号、姓名、各科成绩等属性。

创建一个字典,用于保存学生的学号、姓名、各科成绩。由于字典和列表的全局特性,所以只要不是在函数中创建同名字典,则所有函数可访问主程序中的字典。学生的学号具有唯一性,可将学号作为 key,将姓名及各科成绩作为 value。

添加学生信息:先判断输入的学号是否已经存在,若存在重新输入,不存在则继续输入姓名及各科成绩,最后将所有输入内容作为一个元素添加到字典中。

修改学生信息:先判断输入的学号是否存在,若存在则输入要修改的信息,若不存在则重新输入学号,最后将对应学号的 value 值进行修改。

删除学生信息:先判断输入的学号是否存在,若存在,则将学号对应的元素从字典中删除,不存在则给出提示。

查询学生信息:先判断输入的学号是否存在,若存在,则将学号对应的元素信息显示出来,不存在则给出提示。

显示学生信息:对字典进行遍历,将字典中所有的信息按指定格式显示出来。涉及成绩的总分与排名时,通过调用成绩排名函数获取,调用时需要将学号作为参数传递过去。

成绩排名:对字典进行遍历,为每个学生的成绩进行求和,并将对应的学号和求和数据保存到列表中;然后对列表进行降序排序,元素对应的索引值加 1 即每个学生的排名。函数的参数即学号,将该学号对应的总分和排名作为返回值。

```python
class Management():
    def __init__(self):
        self.st = {}
        self.total = 0
        self.rank = 0


    def get_Stu(self):
        f = open('student.txt','r +',encoding = 'utf-8')
        information = f.readlines()
        f.close()
        for item in information:
            item = item.replace('\n','')
            info = item.split(',')
            self.st[info[0]] = info[1:]


    @staticmethod
    def menu():
        print('* '* 20)
        print('*              学生成绩管理系统              *')
        print('* '* 20)
        print('*           请选择你需操作的业务            *')
        print('*              1.显示所有信息               *')
        print('*              2.添加学生信息               *')
        print('*              3.修改学生信息               *')
        print('*              4.删除学生信息               *')
        print('*              5.查询学生信息               *')
        print('*              6.保存学生信息               *')
        print('*              0.退出管理系统               *')
        print('* '* 20)


    @staticmethod
    def input_info():
```

```
        name = input('请输入姓名:')
        math = input('请输入高等数学成绩:')
        english = input('请输入大学英语成绩:')
        program = input('请输入程序设计成绩:')
        return[name,math,english,program]


    def show_info(self):
        print('--' * 50)
        print('学号\t| 姓名\t| 高等数学\t| 大学英语\t| 程序设计\t| 总分\t| 排名\t|')
        for s in self.st:
            self.get_rank(s)
            print('{:^7}'.format(s), end = '\t|')
            for info in self.st[s]:
                print('{:^6}'.format(info), end = '\t|')
            print('{:^6}\t|{:^6}'.format(self.total,self.rank), end = '   |')
            print()
        print('--' * 50)


    def add_info(self):
        while True:
            stuID = input('请输入学号:')
            if stuID in self.st:
                print('该学号已存在,请重新输入! ')
            else:
                break
        self.st[stuID] = self.input_info()


    def modify_info(self):
        stuID = input('请输入学号:')
        if stuID not in self.st:
            print('该学号不存在! ')
        else:
            self.st[stuID] = self.input_info()
            print('- ' * 20)
            print('|              已修改成功              |')
            print('- ' * 20)


    def get_rank(self,stuID):
        self.ranks = []
        for s in self.st:
            score = list(map(eval,self.st[s][2:]))
            Sum = sum(score)
            self.ranks.append([s,Sum])
```

```python
        self.ranks.sort(key = lambda x:x[1],reverse = True)
        for i in range(len(self.ranks)):
            if self.ranks[i][0] == stuID:
                self.total = self.ranks[i][1]
                self.rank = i + 1


    def query_info(self):
        stuID = input('请输入要查询的学号:')
        if stuID in self.st:
            self.get_rank(stuID)
            print('学号\t| 姓名\t| 高等数学\t| 大学英语\t| 程序设计\t| 总分\t| 排名\t|')
            print('{:^7}'.format(stuID), end = '\t|')
            for info in self.st[stuID]:
                print('{:^6}'.format(info), end = '\t|')
            print('{:^6}\t|{:^6}'.format(self.total,self.rank), end = '   |')
            print()
        else:
            print('该学号不存在')


    def del_info(self):
        stuID = input('请输入要删除的学号:')
        if stuID in self.st:
            del self.st[stuID]
            print('- ' * 20)
            print('|              已删除该学生信息              |')
            print('- ' * 20)
        else:
            print('该学号不存在')


    def save_info(self):
        f = open('student.txt','w',encoding = 'utf-8')
        for ID in self.st:
            self.st[ID][2:] = map(str,self.st[ID][2:])
            f.write(ID+','+','.join(self.st[ID]) + '\n')
        print('- ' * 20)
        print('|          已保存所有学生信息          |')
        print('- ' * 20)


if __name__ == '__main__':
    mana = Management()
    mana.get_Stu()
    while True:
        mana.menu()
        select = input('请输入操作编号:')
```

```
        if select =='1':
            mana.show_info()
        elif select =='2':
            mana.add_info()
        elif select =='3':
            mana.modify_info()
        elif select =='4':
            mana.del_info()
        elif select =='5':
            mana.query_info()
        elif select =='6':
            mana.save_info()
        else:
            break
```

运行结果如图 8-3 所示。

```
* * * * * * * * * * * * * * * * * *
*          学生成绩管理系统          *
* * * * * * * * * * * * * * * * * *
*        请选择你需操作的业务         *
*          1.  显示所有信息          *
*          2.  添加学生信息          *
*          3.  修改学生信息          *
*          4.  删除学生信息          *
*          5.  查询学生信息          *
*          6.  保存学生信息          *
*          0.  退出管理系统          *
* * * * * * * * * * * * * * * * * *
请输入操作编号：1
```

学号	姓名	高等数学	大学英语	程序设计	总分	排名
2020001	张华	87	90	98	188	1
2020002	韩信	90	99	78	177	3
2020003	何瑟	84	90	94	184	2
2020004	王昭	91	88	76	164	4

图 8-3　学生信息管理系统运行效果

8.3　继　　承

8.3.1　继承关系

现实世界中的事物相互间有许多联系,通常将具有相同特征和行为的事物划分为同一个种类,如动物、植物、人类等。相同种类的事物之间又存在着各种关系,其中从属关系就是常见的一种。如植物包含蔬菜、水果等,其中蔬菜又可分为瓜类、叶类等,水果又可分为浆果类、核果类、瓜果类等,关系图表示如图 8-4 所示。

图 8-4 植物分类图

图 8-4 反映了植物的分类层级关系,从植物到瓜果分成了 3 个层级,低层级的植物具备高层级植物的所有特征和行为,并且还增加了高层级不具备的、自身所有的特征和行为。所有的瓜果都是植物,但并不是所有的植物都是瓜果。从高层级到低层级是一个从抽象到具体的过程,反过来,从低层级到高层级则是一个从具体到抽象的过程。

从面向对象的角度来看,所有的事物都对应一个类,如植物类、水果类、瓜果类等。每一个事物都有自己的特征和行为,对应类的属性和方法。在层级关系中,可以看成一个类继承了另一个类,自动拥有了另一个类的属性和方法,并且可以进一步扩展完善,添加新的特征和方法。一般来说,当一个类继承自其他类时,继承类称为子类,被继承类称为父类或超类。如水果继承自植物,故植物是父类,水果是子类。在 Python 中,继承的语法格式如下:

```
class 子类(父类):
```

如果在定义类的时候没有标注父类,则默认继承自 object。万物皆为对象,故 object 是所有类的父类。植物与水果的关系可用代码表示如下:

```
class Plant():
    def __init__(self):
        self.water = '水分'
        print('植物需要%s'% self.water)
    def grow(self):
        print('植物有%s才能生长'% self.water)
class Fruit(Plant):              #子类 Fruit 继承自 Plant
    pass
apple = Fruit()
apple.grow()                     #子类继承父类的属性和方法
```

运行结果如下:

```
植物需要水分
植物有水分才能生长
```

在类 Plant 中定义了构造方法和对象方法,在构造方法中定义了对象属性 self.water,在对象方法中引用了对象属性。类 Fruit 继承自 Plant,能自动继承父类 Plant 的方法和属性。

但不是所有的父类属性和方法都被继承,子类不能直接访问父类的私有属性和私有方法,需要通过"_类名__私有元素"来访问父类的私有属性或私有方法。但这种访问并不建议使用,一般情况下,私有属性和私有方法都是不对外公开的,只能用来做其他内部的事情。

8.3.2 方法重写

子类能继承父类的属性和方法,同时子类也可拓展父类。大部分时候,子类总是以父类为基础,额外增加新的方法,但有时需在父类的方法上进行修改,即子类重写父类的方法,这种子类与父类同名方法的现象被称为方法重写(overwriting),也被称为方法覆盖。

子类对父类方法进行重写,必须与父类相应的方法同名。

```
class Plant():
    def __init__(self):
        self.water = '水分'
        print('植物需要%s'% self.water)
    def grow(self):
        print('植物有%s才能生长'% self.water)
class Fruit(Plant):
    def grow(self):              #子类重写父类方法
        print('水果有%s和光照才能生长'% self.water)
apple = Fruit()
apple.grow()                    #调用的是子类重写后的方法
```

运行结果如下:

```
植物需要水分
水果有水分和光照才能生长
```

8.3.3 super 关键字

子类可以父类的所有公有方法进行重写,但是在进行构造方法重写时,一定要先调用父类的构造方法。

在子类中定义构造函数时,由于父类的构造函数不会被自动调用,所以在子类的构造函数中要先调用父类的构造函数,并传以必要的参数,用于初始化父类的属性,然后再通过赋值语句初始化子类中新增加的属性成员。如果不显式调用父类构造函数,父类构造函数就不会被执行,导致子类实例访问父类初始化方法中初始的变量就会出现问题。例如:

```
class Plant():
    def __init__(self):
        self.water = '水分'
        print('植物需要%s'% self.water)
    def grow(self):
        print('植物有%s才能生长'% self.water)
class Fruit(Plant):
    def grow(self):              #子类重写父类方法
        print('水果有%s和光照才能生长'% self.water)
apple = Fruit()
apple.grow()                    #调用的是子类重写后的方法
```

由于父类 Plant 的构造函数中有参数 water,而子类 Fruit 中并未显式调用父类,创建对象时也未传递参数,故运行会有如下错误:

```
TypeError: __init__() missing 1 required positional argument: 'water'
```

还有一种情况,如果在子类中定义了构造方法,就不会再自动调用父类的构造方法。而当在子类的其他方法中调用父类的属性时,由于子类定义__init__()方法就相当于重写了父类的__init__()方法,所以如果在子类中未对这些父类的属性进行初始化,使用时就会出错。例如:

```
class Plant():
    def __init__(self):
        self.water = '水分'
        print('植物需要%s'% self.water)
    def grow(self):
        print('植物有%s才能生长'% self.water)
class Fruit(Plant):
    def __init__(self):
        print('水果需要光照')
    def grow(self):
        print('水果有%s和光照才能生长'% self.water)
apple = Fruit()
apple.grow()
```

则会有如下报错:

```
AttributeError: 'Fruit' object has no attribute 'water'
```

为避免这些错误,如果父类、子类都定义了构造方法,经常在定义子类的构造方法时,先调用父类的构造方法,格式如下:

```
class 子类名(父类名):
    def __init__(self,[参数]):
        父类名.__init__(self,[参数])
```

对父类构造函数的调用,其实也是对父类构造函数的重写。对父类构造函数的调用代码如下:

```
class Plant():
    def __init__(self):
        self.water = '水分'
        print('植物需要%s'% self.water)
    def grow(self):
        print('植物有%s才能生长'% self.water)
class Fruit(Plant):
    def __init__(self):
        Plant.__init__(self)              #调用父类构造函数
        print('水果需要光照')
```

```
        def grow(self):
            print('水果有%s和光照才能生长'% self.water)
apple = Fruit()
apple.grow()
```

运行结果如下：

```
植物需要水分
水果需要光照
水果有水分和光照才能生长
```

除了使用父类名.__init__()的方式调用父类外，Python 还提供了 super()关键字。super()关键字常用于子类的__init__()方法中，用来调用父类的某个方法，调用格式有两种写法，格式一如下：

```
class 子类名(父类名):
    def __init__(self,[参数]):
        super().__init__([参数])
```

格式二如下：

```
class 子类名(父类名):
    def __init__(self,[参数]):
        super(子类名,self).__init__([参数])
```

利用 super()调用父类方法，代码如下：

```
class Plant():
    def __init__(self):
        self.water = '水分'
        print('植物需要%s'% self.water)
    def grow(self):
        print('植物有%s才能生长'% self.water)
class Fruit(Plant):
    def __init__(self):
        super().__init__(self)              # 用 super()调用父类构造方法
        print('水果需要光照')
    def grow(self):
        print('水果有%s和光照才能生长'% self.water)
apple = Fruit()
apple.grow()
```

super()主要是用于解决多重继承问题，避免多重继承带来的一些问题。

8.3.4 多重继承

一个派生类有两个或多个基类称为多重继承。可从两个或多个基类中继承所需的属性和方法。如有些水果既是水果又是蔬菜，如西红柿、黄瓜等。归属关系如图 8-5 所示。

图 8-5 蔬菜、水果分类图

派生类西红柿既具有水果的一些特点,也具有蔬菜的一些特点,相当于有两个基类,这种关系称为多重继承。现实生活中多重继承的案例有很多,如儿子的基类可以是父亲,也可以是母亲。当一个类继承了多个基类时,具有以下特点:

① 拥有全部基类的属性和方法;

② 子类可以作为任一父类使用。

当派生类从多个基类派生,而又没有自己的构造函数时,如何来判断它继承哪一个基类的构造方法? 一般遵循以下原则:

① 按顺序继承,哪个基类在最前面且它又有自己的构造函数,就继承它的构造函数;

② 如果第 1 个基类没有构造函数,则继承第 2 个基类的构造函数,第 2 个也没有,就再往后找,以此类推。

此原则同样适用于不同基类中的同名方法。

西红柿的继承关系用代码表示如下:

```python
class Plant(object):
    def __init__(self):
        print("这是植物")
class Fruit(Plant):
    def __init__(self):
        print("这是水果味道")
class Vegetable:
    def __init__(self):
        print("这是蔬菜味道")
class Tomato(Vegetable,Fruit):
    pass
tomato = Tomato()
```

由于类 Tomato 没有自己的构造方法,同时有两个基类,其中基类 Vegetable 在前,故继承的会是 Vegetable 的构造方法。运行结果如下:

```
这是蔬菜味道
```

这种从同一种基类派生出来的继承方式是按照广度优先顺序来进行的。继承顺序如图 8-6 所示。

广度优先遍历是指从 Tomato 开始往上搜索到 Vegetable,若 Vegetable 没有数据,则搜索和 Vegetable 同级的 Fruit 里的数据,若同级的 Fruit 里还是没有数据,再继续往上搜索,直到 Plant。而如果 Tomato 在往上的基类 Vegetable 中找到数据,则继承 Vegetable 的数据。因此上例代码的输出结果只有"这是蔬菜味道"。

图 8-6　交叉继承广度优先继承顺序

如果 Vegetable 和 Fruit 不是从同一基类派生出来的,则会采用深度优先的继承方式,继承顺序如图 8-7 所示。

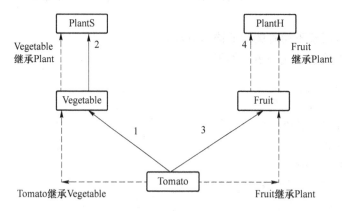

图 8-7　正常继承广度优先继承顺序

假设 Vegetable 和 Fruit 不是从同一基类派生出来的,代码如下:

```python
class PlantS(object):
    def __init__(self):
        print("这是草本植物")
class PlantH(object):
    def __init__(self):
        print("这是瓜果植物")
class Fruit(PlantH):
    def __init__(self):
        print("这是水果味道")
class Vegetable(PlantS):
    pass
class Tomato(Vegetable, Fruit):
    pass
```

```
t1 = Tomato()
```

由于 Vegetable 和 Fruit 拥有不同的基类,所以继承顺序采用深度优先,深度优先遍历是指从 Tomato 开始往上搜索到 Vegetable,若 Vegetable 没有数据,则搜索 Vegetable 的基类 PlantS 里的数据,若基类 PlantS 里还是没有数据,再继续往上搜索,但往上基类是 object,则停止该方向的深度遍历,进行 Tomato 基类的广度优先遍历,找到 Fruit,在这个方向继续进行深度优先遍历,如果 Fruit 里没有数据,则会继续往上找到 PlantH。这段代码输出的结果是:

```
这是草本植物
```

如果派生类也定义了自己的构造函数,同时调用了多个基类的构造函数,那么顺序为:按继承顺序,哪个在前就先调用哪一个基类的构造函数。

例如,给西红柿类创建构造方法,同时调用父类的构造方法,代码如下:

```
class Plant(object):
    def __init__(self):
        print("这是植物 ")
class Fruit(Plant):
    def __init__(self):
        Plant.__init__(self)
        print("这是水果味道 ")
class Vegetable(Plant)
    def __init__(self):
        Plant.__init__(self)
        print("这是蔬菜味道")
class Veg_Fruit(Vegetable,Fruit):
    def __init__(self,name):
        self.name = name
        print(self.name,'既是蔬菜')
        Vegetable.__init__(self)
        Fruit.__init__(self)
        print('也是水果')
tomato = Veg_Fruit('西红柿')
```

运行结果为:

```
西红柿 既是蔬菜
这是植物
这是蔬菜味道
这是植物
这是水果味道
也是水果
```

从运算结果可以看出,共同的基类 Plant 的构造方法被调用了两次,这个是因为父类名调用构造方法时,由于 Vegetable 和 Fruit 都继承自 Plant,每一次都会调用访问父类 Plant。想要优化这个情况,我们可以将调用父类的方法格式改成 super() 函数。

使用 super() 函数的好处在于,如果要改变子类继承的父类(由 A 改为 B),需要修改一行代码,比如要将 class Vegetable(PlantS)的父类由 PlantS 改为 Plant,需要对父类调用方法的语句逐一进行修改,若是采用 super()函数,只需要修改 class Vegetable(Plant)即可,而不需要在 class Vegetable 的大量代码中去查找、修改基类名,此外代码的可移植性和重用性也更高。

用 super()方法改写不同基类的代码如下:

```python
class PlantS(object):
    def __init__(self):
        super().__init__()
        print("这是低矮植物")

class PlantH(object):
    def __init__(self):
        super().__init__()
        print("这是高长植物")

class Vegetable(PlantS):
    def __init__(self):
        super().__init__()
        print("这是蔬菜味道")

class Fruit(PlantH):
    def __init__(self):
        super().__init__()
        print("这是水果味道")

class Tomota(Vegetable,Fruit):
    def __init__(self):
        super().__init__()
        print("既是水果也是蔬菜")

print(Tomota.__mro__)
obj = Tomota()
```

运行结果:

```
这是高长植物
这是水果味道
这是低矮植物
这是蔬菜味道
既是水果也是蔬菜
```

从运行结果可以看出,当基类不同时,遵循的继承调用顺序是 Tomota→Vegetable→PlantS→Fruit→PlantH→object。Tomota 先进入自身的__init__()方法,发现调用父类构造方法语句 super().__init__(),则进入父类 Vegetable 的__init__()方法,在 Vegetable 类中又

存在父类构造方法的调用,则进入 PlantS 类的构造方法。然后按顺序依次执行对应构造方法的输出语句。

用 super()方法改写相同基类的代码如下:

```python
class Plant(object):
    def __init__(self):
        print("这是植物")


class Fruit(Plant):
    def __init__(self):
        super().__init__()
        print("这是水果味道")


class Vegetable(Plant):
    def __init__(self):
        super().__init__()
        print("这是蔬菜味道")


class Veg_Fruit(Vegetable,Fruit):
    def __init__(self,name):
        self.name = name
        print(self.name,'既是蔬菜')
        super().__init__()
        print('也是水果')
tomato = Veg_Fruit('西红柿')
```

运行结果:

```
西红柿既是蔬菜
这是植物
这是水果味道
这是蔬菜味道
也是水果
```

从运行结果可以看出,当基类相同时,按照广度优先的顺序依次继承。从自身的__init__()方法进入,遇到 super().__init__(),按照广度优先顺序,进入直接基类 Vegetable(),再进入类 Fruit(),这两个类的__init__()方法又调用其共同基类 super().__init__(),即 Plant 的__init__()方法,因而输出顺序是"这是植物""这是水果味道""这是蔬菜味道"。共同基类 plant 的__init__()方法只会被执行一次。

由此可知 super()是用来解决多重继承问题的,直接用类名调用父类方法在使用单继承的时候没问题,但是如果使用多重继承,会涉及查找顺序(MRO)、重复调用(钻石继承)等问题。

注意:super()的本质不是父类,而是执行 MRO 中的下一个类!

MRO(Method Resolution Order)是类的方法解析顺序表,其实也是继承父类方法的顺序表。按不同的继承方式,MRO 查找顺序不同,具体示意分别如图 8-8、图 8-9 所示。

(a) 正常继承方式　　　　　(b) MRO查找顺序

图 8-8　正常继承方式继承顺序

(a) 交叉继承方式　　　　　(b) MRO查找顺序

图 8-9　交叉继承方式继承顺序

8.4　多　　态

多态可以理解为一个事物的多种形态。

Python 也支持多态，但是有限地支持多态，主要是因为 Python 中变量的使用不用声明，所以不存在父类引用指向子类对象的多态体现，同时 Python 不支持重载。在 Python 中多态的使用不如在 Java 中那么明显。

类具有继承关系，并且子类类型可以向上转型，看作父类类型，如果我们从 Person 派生出 Student 和 Teacher ，并都写了一个 whoAmI( ) 方法：

```
class Person(object):
    def __init__(self, name, gender):
        self.name = name
        self.gender = gender
    def whoAmI(self):
        return 'I am a Person, my name is %s' % self.name
```

```
class Student(Person):
    def __init__(self, name, gender, score):
        super(Student, self).__init__(name, gender)
        self.score = score
    def whoAmI(self):
        return 'I am a Student, my name is %s' % self.name


class Teacher(Person):
    def __init__(self, name, gender, course):
        super(Teacher, self).__init__(name, gender)
        self.course = course
    def whoAmI(self):
        return 'I am a Teacher, my name is %s' % self.name
```

在一个函数中,如果我们接收一个变量 x,则无论该 x 是 Person、Student 还是 Teacher,都可以正确打印出结果:

```
def who_am_i(x):
    print x.whoAmI()


p = Person('Tim', 'Male')
s = Student('Bob', 'Male', 88)
t = Teacher('Alice', 'Female', 'English')

who_am_i(p)
who_am_i(s)
who_am_i(t)
```

运行结果:

```
I am a Person, my name is Tim
I am a Student, my name is Bob
I am a Teacher, my name is Alice
```

这种行为称为多态。也就是说,方法调用将作用在 x 的实际类型上。s 是 Student 类型,它实际上拥有自己的 whoAmI()方法以及从 Person 继承的 whoAmI 方法,但调用 s.whoAmI()总是先查找它自身的定义,如果没有定义,则顺着继承链向上查找,直到在某个父类中找到为止。

由于 Python 是动态语言,所以传递给函数 who_am_i(x)的参数 x 不一定是 Person 或 Person 的子类型,任何数据类型的实例都可以,只要它有一个 whoAmI()方法:

```
class Book(object):
    def whoAmI(self):
        return 'I am a book'
```

这是动态语言和静态语言(例如 Java)最大的差别之一。动态语言调用实例方法,不检查类型,只要方法存在,参数正确,就可以调用。

Python 是一种动态语言,崇尚鸭子类型。以下是维基百科中对鸭子类型的论述。

在程序设计中,鸭子类型(duck typing)是动态类型的一种风格。在这种风格中,一个对象有效的语义,不是由继承自特定的类或实现特定的接口决定的,而是由当前方法和属性的集合决定的。这个概念的名字来源于由 James Whitcomb Riley 提出的鸭子测试,鸭子测试可以这样表述:"当看到一只鸟走起来像鸭子,游泳起来像鸭子,叫起来也像鸭子时,那么这只鸟就可以被称为鸭子。"

在鸭子类型中,关注的不是对象的类型本身,而是它是如何使用的。例如,在不使用鸭子类型的语言中,我们可以编写一个函数,它接受一个类型为鸭的对象,并调用它的走和叫方法。在使用鸭子类型的语言中,这样的一个函数可以接受一个任意类型的对象,并调用它的走和叫方法。如果这些需要被调用的方法不存在,那么将引发一个运行错误。任何拥有这样正确的走和叫方法的对象都可被函数接受的这种行为引出了以上表述,这种决定类型的方式因此得名。

鸭子类型通常得益于不测试方法和函数中参数的类型,依赖文档、清晰的代码和测试来确保正确使用。从静态类型语言转向动态类型语言的用户通常试图添加一些静态的(在运行之前的)类型检查,从而影响了鸭子类型的益处和可伸缩性,并约束了语言的动态特性。

多态的作用:让具有不同功能的函数可以使用相同的函数名,这样就可以用一个函数名调用不同内容(功能)的函数。

Python 中多态的特点:

① 只关心对象的实例方法是否同名,不关心对象所属的类型;

② 在对象所属的类之间,继承关系可有可无;

③ 多态的好处是可以增加代码的外部调用灵活度,让代码更加通用,兼容性比较强;

④ 多态是调用方法的技巧,不会影响到类的内部设计。

多态的应用场景如下。

(1) 对象所属的类之间没有继承关系

调用同一个函数 fly(),传入不同的参数(对象),可以有不同的功能:

```python
class Duck(object):                              #鸭子类
    def fly(self):
        print("鸭子沿着地面飞起来了")


class Swan(object):                              #天鹅类
    def fly(self):
        print("天鹅在空中翱翔")


class Plane(object):                             #飞机类
    def fly(self):
        print("飞机隆隆地起飞了")


def fly(obj):                                    #实现飞的功能函数
    obj.fly()


duck = Duck()
```

```
fly(duck)
swan = Swan()
fly(swan)

plane = Plane()
fly(plane)
```

运行结果：

鸭子沿着地面飞起来了

天鹅在空中翱翔

飞机隆隆地起飞了

（2）对象所属的类之间有继承关系（应用更广）

```
class gradapa(object):
    def __init__(self,money):
        self.money = money
    def p(self):
        print("this is gradapa")


class father(gradapa):
    def __init__(self,money,job):
        super().__init__(money)
        self.job = job
    def p(self):
        print("this is father,我重写了父类的方法")


class mother(gradapa):
    def __init__(self, money, job):
        super().__init__(money)
        self.job = job

    def p(self):
        print("this is mother,我重写了父类的方法")
        return 100


#定义一个函数,函数调用类中的 p()方法
def fc(obj):
    obj.p()
gradapa1 = gradapa(3000)
father1 = father(2000,"工人")
mother1 = mother(1000,"老师")


fc(gradapa1)              #这里的多态性体现是向同一个函数传递不同参数后,可以实现不同功能
fc(father1)
print(fc(mother1))
```

运行结果：

```
this is gradapa
this is father,我重写了父类的方法
this is mother,我重写了父类的方法
100
```

课 后 习 题

1. 用面向对象方法改写猜数字游戏。

2. 编写程序模拟队列结构，自定义类实现带超时功能队列结构。要求实现入队、出队以及修改队列大小和判断队列是否为空、是否为满的功能，同时要求在入队时如果队列已满，则等待指定时间。

3. 用面向对象方法实现小学生四则运算系统。要求：随机产生两个操作数，当为除法运算时，分母不能为 0，且被除数必须是除数的倍数；当为减法运算时，被减数要大于减数；产生题目后，能接收用户的输入答案，并对答案进行正误判断，进行计分，测试完成后给出成绩，退出时给出再见信息。

4. 仿照学生成绩管理系统，用面向对象方法实现图书信息管理系统。要求设计一个存储图书信息文件，文件格式可以为.txt、.csv、.xlsx 等类型。程序能实现图书信息的添加、修改、删除、查询等功能。

5. 仿照学生成绩管理系统，用面向对象方法实现银行系统，模拟开户、查询、取钱、存钱、销户功能。

第9章 网络爬虫

问题导向

- 如何将网络上没有提供下载链接的数据下载到本地？
- 如何自动浏览网络中的信息并下载？
- 对下载的数据如何提取有效信息？

重点与难点

- 网络爬虫的基本方法。
- 运用 request 库编写基本 URL 访问过程。
- 掌握向搜索引擎自动提交关键词并猎取返回结果的方法。

知识导图

Python 之旅——网络畅游

在 Python 之旅中一定不能错过精彩无限、瞬息万变的网络世界。在大数据时代，人人为网民，这也使得网络上的数据成为人类关注的重点。都说谁先拥有领域的相关数据，谁就占了先锋地位，由此掀起了一波学习使用获取网络数据工具的热潮。在这一站，我们来学习 Python 是如何灵敏地畅游网络、迅捷地获取网络数据的。

9.1 网络爬虫的基础知识

9.1.1 网络爬虫的定义

似乎一瞬间,全世界都在讨论网络爬虫。随着网络的迅速发展,大数据时代到来,人类社会的数据正以前所未有的速度增长。数据中蕴含着巨大的价值,无论是对工作、生活,还是对企业未来的发展和创新商业模式,都有着很大的帮助。充分挖掘数据潜在价值,能帮助人们找到更合适的合作对象、更便宜的生活用品,也能帮助企业找到更精准的市场定位。

数据背后隐藏的巨大商业价值越来越被人们重视,那么数据从何而来?

如何有效地提取并利用数据很大程度上取决于解决问题的效率。搜索引擎作为辅助程序员检索信息的工具已经有些力不从心了。为了更高效、全面、准确地获取指定信息,需要定向抓取并分析网页资源,这就需要应用网络爬虫。

网络爬虫是一种程序,编写网络爬虫的主要目的是将互联网上的网页下载到本地并提取相关数据。网络爬虫可以自动化抓取网络中的信息,然后根据制定的规则下载和提取信息。

如果把互联网看成一个蜘蛛网,那么网络爬虫就是在网上爬来爬去的蜘蛛。它的主要任务一是下载目标网页,二是从目标网页中提取需要的数据。

网络爬虫按照系统结构和实现技术,大致可以分为以下类型。

- 通用网络爬虫:也称为全网爬虫。爬行对象从一些种子 URL 扩充到整个 Web,主要为门户站点、搜索引擎和大型 Web 服务提供商采集数据。
- 聚焦网络爬虫:聚焦网络爬虫是指选择性地爬行那些预先定义好的主题相关页面的网络爬虫。与通用网络爬虫相比,聚焦网络爬虫只需要爬行与主题相关的页面,极大地节省了硬件和网络资源,保存的页面也因数量少而更新快。聚集网络爬虫还可以很好地满足一些特定人群对特定领域信息的需求。
- 增量式网络爬虫:是指对已下载网页采取增量式更新和只爬行新产生的或者已经发生变化的网页的爬虫,它能够在一定程度上保证所爬行的页面是尽可能新的页面。与周期性爬行和刷新页面的网络爬虫相比,增量式网络爬虫只会在需要的时候爬行新产生或发生更新的页面,并不重新下载没有发生变化的页面,这样可以有效地减小数据下载量,及时更新已爬行的网页,减少时间和空间上的耗费,但是这种方式增加了爬行算法的复杂度和实现难度。
- 深层页面爬虫:Web 页面按存在的方式分为表层网页和深层网页。表层网页就是传统搜索引擎可以搜索到的页面,是以超链接的静态页面为主构成的 Web 页面。深层网页大部分内容不能通过静态链接获取,隐藏在搜索表单后,深层网页是只有用户提交了一些关键词后才能获得的 Web 页面。例如,有些网页内容只有在用户登录之后才能看见,这种网页就属于深层页面。

9.1.2 网络爬虫的架构

网络爬虫的主要任务是下载网页和在网页中解析信息,为完成这两个任务,一个简单的网络爬虫包含图 9-1 所示的 4 部分。

图 9-1　简单网络爬虫架构

- URL 管理器：管理将要爬取的 URL，防止重复爬取和循环爬取。
- 网页下载器：下载网页的组件，用来将互联网上 URL 对应的网页下载到本地，是网络爬虫的核心部件之一。
- 网页解析器：解析网页的组件，用来从网页中提取有价值的数据，也是网络爬虫的核心部件之一。
- 输出管理器：保存信息的组件，将解析出来的内容输出到文件或数据库中。

9.1.3　网络爬虫的框架

在 Python 中，网络爬虫的框架有很多，常用的框架主要有 Scrapy、Pyspider、Cola 等。

1. Scrapy 框架

Scrapy 框架是 Python 中最著名、最受欢迎的框架。它是一个相对成熟的框架，有着丰富的文档和开放的社区交流空间。Scrapy 框架是为了爬取网站数据，提取结构性数据而编写的应用框架，可以应用在数据挖掘、信息处理或存储历史数据等一系列的程序中。Scrapy 使用 Twisted 这个异步网络库来处理网络通信，架构清晰，并且包含各种中间件接口，可以灵活地完成各种需求。Scrapy 框架具有以下优点。

① 极其灵活的定制化爬取。

② 社区人数多、文档完善。

③ URL 去重采用布隆过滤器方案。

④ 可以处理不完整的 HTML，Scrapy 提供了 selectors（在 lxml 的基础上提供了更高级的接口），可以高效地处理不完整的 HTML 代码。

其缺点如下。

① 不支持分布式部署。

② 不支持抓取 JavaScript 的页面。

③ 全命令行操作，对用户不友好，需要一定的学习周期。

Scrapy 的基本结构如图 9-2 所示。

2. Pyspider 框架

Pyspider 是一个中国人编写的强大网络爬虫系统并带有强大的 WebUI，采用 Python 语言编写，分布式架构，支持多种数据库后端，强大的 WebUI 支持脚本编辑器、任务监视器、项目管理器以及结果查看器。Pyspider 的基本结构如图 9-3 所示。

Pyspider 非常强大，强大到更像一个产品，而不是一个框架。Pyspider 的主要功能包括：抓取、更新、调度多站点的特定页面；需要对页面进行结构化信息提取；灵活可扩展，稳定可监控。Pyspider 满足了绝大多数 Python 爬虫的需求——定向抓取，结构化解析。但是面对结构

图 9-2 Scrapy 的基本结构

图 9-3 Pyspider 的基本结构

迥异的各种网站,单一的抓取模式并不一定能满足需求,灵活的抓取控制是必需的。为了达到这个目的,单纯地配置文件往往不够灵活,于是,通过脚本去控制抓取成了最后的选择。以去重调度、队列、抓取、异常处理、监控等功能作为框架,提供给抓取脚本,并保证灵活性。最后加上 Web 的编辑调试环境,以及 Web 任务监控,即成了最终的框架。

优点:

① 支持分布式部署。

② 完全可视化,对用户非常友好。Web 界面编写调试脚本,起停脚本,监控执行状态,查看活动历史,获取结果产出。

③ 简单易上手。脚本规则简单,开发效率高。

④ 支持抓取 JavaScript 的页面。

缺点:

① URL 去重使用数据库,而不是布隆过滤器,亿级存储的 db io 将导致效率急剧降低。

② 使用上的人性化牺牲了灵活度,定制化能力低。

3. Cola 框架

Cola 框架是一个分布式的爬虫框架,用户只需要编写几个特定的函数,而无须关注分布式运行的细节,任务会被自动分配到多台机器上,整个过程对用户是透明的。Cola 基本结构如图 9-4 所示。

图 9-4　Cola 基本结构

在 Cola 集群里,当一个任务被提交的时候,Cola Master 和 Worker 会分别启动 JobMaster 和 JobWorker。对于一个 Cola Job,当 JobWorker 启动完成后,会通知 JobMaster, JobMaster 等待所有 JobWorker 启动完成后开始运行 Job。在一个 Cola Job 启动时,会启动一个消息队列(message queue,主要操作是 put 和 get,Worker 抓取的对象会被 put 到队列中,而要抓取新的对象时,只要从队列中取即可),每个 JobWorker 上都存在消息队列节点,同时会有一个去重模块(布隆过滤器实现)。

9.2　网络爬虫模块——request 库

9.2.1　request 库概述

request 库是一个简洁且简单处理 HTTP 请求的第三方库,它的最大优点是程序编写过程更接近正常 URL 访问过程。这个库建立在 Python 语言的 urllib3 库基础上,这种在其他函数库之上封装功能,提供更友好函数的方式在 Python 语言中十分常见。

request 库支持非常丰富的链接访问功能,包括国际域名和 URL 获取、HTTP 长连接和连接缓存、HTTP 会话和 Cookies 保持、流星使用风格的 SSL 验证、基本的摘要认证、有效的键值对、Cookies 记录、自动解压缩、自动内容解码、文件分块上传、HTTP 代理功能、连接超时处理、流数据下载等。

request 库不是 Python 的标准库，需要安装。安装方法为在命令窗口输入安装命令：

```
pip install requests
```

使用时需要用语句导入 request 库：

```
import requests
```

网络爬虫和信息提交是 request 库支持的基本功能，与这两个功能相关的常用函数如表 9-1 所示。

表 9-1　request 库中的网页请求函数

函　数	说　明
get(url [, timeout＝n])	对应于 HTTP 的 GET 方法,获取网页最常用的方法,可以增加 timeout＝n 参数,设定每次请求超时时间为 n 秒
post(url , data＝{key:value})	对应于 HTTP 的 POST 方法,其中字典用于传递客户数据
delete(url)	对应于 HTTP 的 DELETE 方法
head(url)	对应于 HTTP 的 HEAD 方法
options(usrl)	对应于 HTTP 的 OPTIONS 方法
put(url , data＝{key:value})	对应于 HTTP 的 PUT 方法,其中字典用于传递客户数据

get()方法是获取网页最常用的方法，在调用 requests.get()函数后，返回的网页内容会保存为一个 Response 对象，其中，get() 函数的参数 url 链接必须采用 HTTP 或 HTTPS 方式访问。例如：

```
import requests
r = requests.get('http://www.baidu.com')
type(r)
```

运行结果：

```
requests.models.Response
```

requests 实现其他 HTTP 的基本请求方式，都非常简洁明了，如：

```
import requests
rp = requests.put('http://www.baidu.com')
rd = requests.delete('http://www.baidu.com')
rh = requests.head('http://www.baidu.com')
ro = requests.options('http://www.baidu.com')
```

9.2.2　request 库的响应对象 Response

和浏览器的交互过程一样，requests.get()代表请求过程，它返回的 Response 对象代表响应。返回内容作为一个对象更便于操作。Response 对象的属性如表 9-2 所示。

表 9-2　Response 对象的属性

属　　性	说　　明
status_code	HTTP 请求的返回状态,整数,200 表示连接成功,404 表示失败
text	HTTP 响应内容的字符串形式,即 url 对应的页面内容
encoding	HTTP 响应内容的编码方式
content	HTTP 响应内容的二进制形式

status_code 属性返回请求 HTTP 后的状态,在处理数据之前要先判断状态情况,如果请求未被响应,需要终止内容处理。

响应状态码(HTTP status code)用 3 位数字来表示网页服务器 HTTP 的响应状态。200 表示连接成功;301 表示网页被永久转移到其他 URL;404 表示连接失败,网页不存在;500 表示内部服务器错误。

```
import requests
r = requests.get('http://www.baidu.com')
r.status_code
```

运行结果:

```
200
```

为了方便引用,requests 库还附带了一个内置的状态码查询对象。

```
r.status_code == requests.codes.ok
```

通过响应状态码是否与 request.code.ok 相等,来帮助人们在编写爬虫时判断是否正确获取到了资源。

text 属性是请求的页面内容,以字符串形式展示。

encoding 属性非常重要,它给出了返回页面内容的编码方式,可以通过对 encoding 属性进行赋值更改编码方式,以便于处理中文字符。

```
import requests
r = requests.get('http://www.baidu.com')
r.encoding
```

运行结果:

```
'ISO-8859-1'
```

默认的编码方式是'ISO-8859-1',所以中文会以乱码显示,如继承运行代码:

```
r.text
```

运行结果如图 9-5 所示。

为了正常显示中文,可以将编码方式进行更改,语句为:

```
r.encoding = 'utf-8'
r.text
```

运行结果如图 9-6 所示。

'<!DOCTYPE html>\r\n<!--STATUS OK--><html> <head><meta http-equiv=content-type conten
t=text/html;charset=utf-8><meta http-equiv=X-UA-Compatible content=IE=Edge><meta cont
ent=always name=referrer><link rel=stylesheet type=text/css href=http://s1.bdstatic.c
om/r/www/cache/bdorz/baidu.min.css><title>ç\x99¾åº¦ä¸\x80ä¸\x8bï¼\x8cä½\xa0å°±ç\x9f
¥é\x81\x93</title></head> <body link=#0000cc> <div id=wrapper> <div id=head> <div cla
ss=head_wrapper> <div class=s_form> <div class=s_form_wrapper> <div id=lg> <img hidef
ocus=true src=//www.baidu.com/img/bd_logo1.png width=270 height=129> </div> <form id=
form name=f action=//www.baidu.com/s class=fm> <input type=hidden name=bdorz_come val
ue=1> <input type=hidden name=ie value=utf-8> <input type=hidden name=f value=8> <inp
ut type=hidden name=rsv_bp value=1> <input type=hidden name=rsv_idx value=1> <input t

图 9-5　以 'ISO-8859-1' 编码显示 r.text 的内容

'<!DOCTYPE html>\r\n<!--STATUS OK--><html> <head><meta http-equiv=content-type conten
t=text/html;charset=utf-8><meta http-equiv=X-UA-Compatible content=IE=Edge><meta cont
ent=always name=referrer><link rel=stylesheet type=text/css href=http://s1.bdstatic.c
om/r/www/cache/bdorz/baidu.min.css><title>百度一下，你就知道</title></head> <body lin
k=#0000cc> <div id=wrapper> <div id=head> <div class=head_wrapper> <div class=s_form>
<div class=s_form_wrapper> <div id=lg> <img hidefocus=true src=//www.baidu.com/img/bd
_logo1.png width=270 height=129> </div> <form id=form name=f action=//www.baidu.com/s
class=fm> <input type=hidden name=bdorz_come value=1> <input type=hidden name=ie valu

图 9-6　以 'utf-8' 编码显示 r.text 的内容

content 属性是页面内容的二进制形式。

```
import requests
r = requests.get('http://www.baidu.com')
r.content
```

运行结果如图 9-7 所示。

b'<!DOCTYPE html>\r\n<!--STATUS OK--><html> <head><meta http-equiv=content-type conte
nt=text/html;charset=utf-8><meta http-equiv=X-UA-Compatible content=IE=Edge><meta con
tent=always name=referrer><link rel=stylesheet type=text/css href=http://s1.bdstatic.
com/r/www/cache/bdorz/baidu.min.css><title>\xe7\x99\xbe\xe5\xba\xa6\xe4\xb8\x80\xe4\x
b8\x8b\xef\xbc\x8c\xe4\xbd\xa0\xe5\xb0\xb1\xe7\x9f\xa5\xe9\x81\x93</title></head> <bo
dy link=#0000cc> <div id=wrapper> <div id=head> <div class=head_wrapper> <div class=s
_form> <div class=s_form_wrapper> <div id=lg> <img hidefocus=true src=//www.baidu.co

图 9-7　以二进制编码显示 r.content 的内容

除了属性，Response 对象还提供了一些方法，如表 9-3 所示。

表 9-3　Response 对象的方法

方　法	说　明
json()	如果 HTTP 响应内容包含 JSON 格式数据，则该方法解析 JSON 数据
raise_for_status()	如果不是 200，则产生异常

json() 方法能够在 HTTP 响应内容中解析存在的 JSON 数据，这将带来解析 HTTP 的便利。

raise_for_status() 方法能在非成功响应后产生异常，即只要返回的请求状态 status_code
不是 200，这个方法就会产生一个异常，用于 try-except 语句。使用异常处理语句可以避免设置一堆复杂的 if 语句,只需要在收到响应时调用这个方法,就可以避开状态 200 之外的各种意外情况。

　　requests 会产生几种常用异常。当遇到网络问题时,如 DNS 查询失败、拒绝连接等,requests 会抛出 ConnectionError 异常;当遇到无效的 HTTP 响应时,requests 会抛出 HTTPError 异常;当请求 URL 超时时,会抛出 Timeout 异常;当请求超过了设定的最大定向次数时,会抛出 TooManyRedirects 异常。

　　获取一个网页内容的函数,可用如下代码实现:

```
import requests
def getText(url):
    try:
        r = requests.get(url, timeout = 30)
        r.raise_for_status()
        r.encoding ='utf-8'
        return r.text
    except:
        return ''
url = 'http://www.baidu.com'
print(getText(url))
```

9.3　网络爬虫模块——beautifulsoup4 库

9.3.1　beautifulsoup4 库概述

　　使用 requests 库获取 HTML 页面并将其转换为字符串后,需要进一步解析 HTML 页面格式,提取有效信息,这就需要处理 HTML 和 XML 的函数库。

　　beautifulsoup4 库也称为 Beautiful Soup 库或 bs4 库,用于解析和处理 HTML 和 XML。需要注意的是,它不是 Beautifulsoup 库。它的最大优点是能根据 HTML 和 XML 语法建立解析树,进而高效地解析其中的内容。

　　beautifulsoup4 库不是 Python 的标准库,需要安装,安装语句:

```
pip install beautifulsoup4
```

　　HTML 建立的 Web 页面一般非常复杂,除了有用的内容信息之外,还包括大量用于页面格式的元素,直接解析一个 Web 网页需要深入了解 HTML 语法。beautifulsoup4 库将专业的 Web 库页面格式解析部分封装成函数,提供了若干有用且便捷的处理函数。

　　beautifulsoup4 库采用面向对象思想实现,简单地说,它把每个页面都当作一个对象,通过 a. b()的方式调用对象的属性,或者通过 a. b()的方式调用方法。

　　在使用 beautifulsoup4 库之前,需要进行引用,由于这个库名非常特殊且这个库采用面向对象方式组织,常用 from…import 模式从库中直接引用 BeautifulSoup 类。

```
from bs4 import BeautifulSoup
```

beautifulsoup4 库中最主要的是 BeautifulSoup 类,每个实例化的对象都相当于一个页面。BeautifulSoup 类的构造方法第一个参数是要解析的 HTML 文档,第二个参数是 Beautiful Soup 的解析器。BeautifulSoup 支持 Python 标准库中的 HTML 解析器、lxml 解析器,还支持一些第三方解析器,如果不安装这些第三方解析器,BeautifulSoup 使用 Python 默认的解析器 lxml。lxml 解析器很强大,速度也很快。

例如,有一个 HTML 源码:

```
htm = '''
<div>
......
</div>
'''
```

创建 BeautifulSoup 对象,使用 lxml 的语句如下:

```
soup = BeautifulSoup(htm,'lxml')
```

创建的 BeautifulSoup 对象是一个树形结构,它包含 HTML 页面中的每个 Tag(标签)元素,如< head >、< body >、< div >等。也就是说,HTML 中的主要结构都变成了 BeautifulSoup 对象的一个属性,可以直接用 a. b( )形式获得,其中 b 的名字采用 HTML 中标签的名字。BeautifulSoup 对象的常用属性如表 9-4 所示。

表 9-4　BeautifulSoup 对象的常用属性

属　性	说　明
head	HTML 页面的< head >内容
title	HTML 页面的标题,在< head >之中,由< title >标记
body	HTML 页面的< body >内容
p	HTML 页面中第一个< p >内容
strings	HTML 页面所有呈现在 Web 上的字符串,即标签的内容
stripped_strings	HTML 页面所有呈现在 Web 上的非空格字符串

例如,输出百度网页的头部标签,代码如下:

```
import requests
from bs4 import BeautifulSoup
r = requests.get('http://www.baidu.com')
r.encoding ='utf-8'
soup = BeautifulSoup(r.text,'lxml')
soup.head
```

运行结果:

< head >< meta content = "text/html; charset = utf - 8" http - equiv = "content - type"/>< meta content = "IE = Edge" http - equiv = "X - UA - Compatible"/>< meta content = "always" name = "referrer"/>< link href = "http://s1.bdstatic.com/r/www/cache/bdorz/baidu.min.css" rel = "stylesheet" type = "text/css"/>< title >百度一下,你就知道</title ></head>

输出百度网页头部中的标题标签,代码如下:

```
title = soup.title
print(title)
```

运行结果:

```
<title>百度一下,你就知道</title>
```

输出百度网页头部中的段落标签,代码如下:

```
soup.p
```

运行结果:

```
<p id = "lh"><a href = "http://home.baidu.com">关于百度</a><a href = "http://ir.baidu.com">
About Baidu</a></p>
```

BeautifulSoup 对象中属性名与 HTML 的标签名称相同,远不止表 9-4 中的这些。每一个 Tag 标签在 beautifulsoup4 库中都是一个对象,称为 Tag 对象。如上例代码中的 title 是一个标签对象。每个标签对象在 HTML 中都有类似的结构。例如 HTML 源码:

```
<p id = "lh"><a href = "http://home.baidu.com">关于百度</a><a href = "http://ir.baidu.com">
About Baidu</a></p>
```

其中尖括号"<>"中标签的名字是 name,尖括号中其他项是 attrs,尖括号之间的内容是 string。因此,可以通过 Tag 标签对象的 name、attrs 和 string 属性获得相应的内容,格式为 a.b(),如:

```
>>> soup.p.name
'p'
>>> soup.a.attrs
{'href': 'http://news.baidu.com', 'name': 'tj_trnews', 'class': ['mnav']}
>>> soup.title.string
'百度一下,你就知道'
>>> soup.title.contents
['百度一下,你就知道']
```

由于 HTML 语法可以在标签中嵌套其他标签,所以 string 属性的返回值遵循如下原则。
① 如果标签内部没有其他标签,string 属性返回其中的内容。
② 如果标签内部还有其他标签,但只有一个标签,string 属性返回最里面标签的内容。
③ 如果标签内部有超过 1 层嵌套的标签,string 属性返回 None(空字符串)。
HTML 语法中同一个标签会有很多内容,例如<a>标签,百度首页一共有 13 处,列表如下:

```
<a href = http://news.baidu.com name = tj_trnews class = mnav>新闻</a>
<a href = http://www.hao123.com name = tj_trhao123 class = mnav>hao123</a>
<a href = http://map.baidu.com name = tj_trmap class = mnav>地图</a>
<a href = http://v.baidu.com name = tj_trvideo class = mnav>视频</a>
<a href = http://tieba.baidu.com name = tj_trtieba class = mnav>贴吧</a>
<a href = http://www.baidu.com/bdorz/login.gif? login&amp;tpl = mn&amp;u = http%3A%2F%
2Fwww.baidu.com%2f%3fbdorz_come%3d1 name = tj_login class = lb>登录</a>
```

直接调用 soup.a 只能返回第一个：

```
>>> soup.a
< a class = "mnav" href = "http://news.baidu.com" name = "tj_trnews">新闻</a>
>>> soup.a.string
'新闻'
```

HTML 标签可以嵌套很多层，获取内容时也可以用嵌套的方式，例如：

```
< head >< meta http-equiv = content-type content = text/html;charset = utf-8 >< meta http-equiv = X-
UA-Compatible content = IE = Edge >< meta content = always name = referrer >< link rel = stylesheet type =
text/css href = http://s1.bdstatic.com/r/www/cache/bdorz/baidu.min.css >< title >百度一下,你就知道
</title ></head >
```

```
>>> soup.head.title.string
'百度一下,你就知道'
```

还可以用"标签[属性]"这种形式来获取属性值，如：

```
>>> soup.a['href']
'http://news.baidu.com'
```

也可以用 get()方法获取属性，如：

```
>>> soup.a.get('href')
'http://news.baidu.com'
```

用.contents 形式还可以将所有的子标签存入一个列表中，如：

```
>>> soup.a.contents
['新闻']
```

9.3.2　beautifulsoup4 库标准选择器

1. find_all()方法

当需要列出标签对应的所有内容或者需要找到第一个标签时，要用 BeautifulSoup 中的 find_all()和 find()方法。两个方法会遍历整个 HTML 文档，按照条件返回标签内容。格式如下：

```
BeautifulSoup.find_all(name, attrs, recursive, string, limit)
```

功能：搜索当前标签的所有子节点，并判断是否符合过滤器的条件。将符合条件的标签以列表类型返回。

- name：按照 Tag 标签名字检索，名字用字符串形式表示，例如'div'、'li'。
- attrs：按照 Tag 标签属性值检索，需要列出属性名称和值，采用 JSON 表示。
- recursive：设置查找层次，只查找当前标签下一层时使用 recursive＝False。
- string：按照关键字检索 string 属性内容，采用 string＝开始。
- limit：返回结果的个数，默认返回全部结果。

例如,想要获取所有的< a >标签,代码如下:

```
>>> soup.find_all('a')
[< a class = "mnav" href = "http://news.baidu.com" name = "tj_trnews">新闻</a>,
  < a class = "mnav" href = "http://www.hao123.com" name = "tj_trhao123">hao123</a>,
  < a class = "mnav" href = "http://map.baidu.com" name = "tj_trmap">地图</a>,
  < a class = "mnav" href = "http://v.baidu.com" name = "tj_trvideo">视频</a>,
  < a class = "mnav" href = "http://tieba.baidu.com" name = "tj_trtieba">贴吧</a>,
  < a class = "lb" href = "http://www.baidu.com/bdorz/login.gif? login&amp;tpl = mn&amp;u =
http%3A%2F%2Fwww.baidu.com%2f%3fbdorz_come%3d1" name = "tj_login">登录</a>,
  < a class = "bri" href = "//www.baidu.com/more/" name = "tj_briicon" style = "display:block;">
更多产品</a>,
  < a href = "http://home.baidu.com">关于百度</a>,
  < a href = "http://ir.baidu.com">About Baidu</a>,
  < a href = "http://www.baidu.com/duty/">使用百度前必读</a>,
  < a class = "cp-feedback" href = "http://jianyi.baidu.com/">意见反馈</a>]
```

使用 attrs 参数定义一个字典,可以搜索包含特殊属性的标签,例如,使用 attrs 属性定位第三个< a >标签,输出第三个标签的内容:

```
>>> soup.find_all(attrs = {'href':'http://map.baidu.com'})
[< a class = "mnav" href = "http://map.baidu.com" name = "tj_trmap">地图</a>]
>>> soup.find_all(attrs = {'href':'http://map.baidu.com'})[0].string
'地图'
```

使用 string 指定标签内容检索,可以结合正则表达式库进行字符匹配。需要先将正则表达式库导入,例如:

```
>>> soup.find_all(string='地图')
['地图']
>>> import re    #导入正则表达式库,以用于字符串匹配
>>> soup.find_all(string = re.compile('百度'))    #匹配所有包含"百度"的标签内容
['百度一下,你就知道', '关于百度', '使用百度前必读']
```

BeautifulSoup 的 find_all()方法可以根据标签名字、标签属性和内容检索并返回标签列表,通过片段字符串检索时可以结合正则表达式 re 函数库,re 是 Python 的标准库,可以直接用 import re 导入。使用 re.compile('百度')对包含字符串'百度'的标签内容进行检索。当对标签属性进行检索时,属性和对应的值则采用 JSON 格式,如' scr':re.compile('百度')。

2. find( )方法

除了 find_all()方法,BeautifulSoup 还提供了一个 find()方法,它们的区别在于前者返回全部的结果,后者只返回找到的第一个结果。find_all()返回的结果可能有多个,采用列表形式,find()只有一个返回结果,采用字符串形式。

```
>>> soup.find('a')
< a class = "mnav" href = "http://news.baidu.com" name = "tj_trnews">新闻</a>
```

3. get_text( )方法

如果只想得到标签中包含的文本内容,可以用 get_text( )方法,这个方法获取标签中包含的所有文本内容,包括子孙节点中的文本内容,并将结果以字符串形式返回。

```
>>> soup.head.get_text()
'百度一下,你就知道'
```

9.3.3 搜索关键词

【案例 9-1】 爬取百度搜索关键字的结果。

搜索引擎是日常工作与生活中常用的工具,也是访问互联网的门户。有时候需要自动向搜索引擎提交关键字并获得查询结果。现想要通过编程实现:输入一个关键词,利用网络爬虫在百度搜索引擎中搜索内容,并将搜索到的标题信息输出来。

案例分析:

百度搜索引擎的首页网址是 http://www.baidu.com,当输入一个待查询关键词 keyword 时,百度程序会将这个查询自动转换为链接:http://www.baidu.com/s? wd= keyword。

利用百度搜索提供的这个链接接口,可以通过 requests 的 get( )函数提交查询,响应结果为百度搜索结果,这个问题的 IPO 描述如下。

- 输入:待查询关键字。
- 处理:自动获取百度搜索结果,并对页面内容进行解析处理。
- 输出:返回链接的标题列表。

首先人工分析百度查询结果页面 HTML 代码。经分析发现,页面上返回的结果标题被封装在< div >…data-tools='{"title":"…", "url":"…"}'>…</div >结构中。

得用 BeautifulSoup 找到 data-tools 属性值,提取带有 title 的字符串,可以看出 data-tools 内部是由"{ }"包含的数据,是字典类型的 JSON 格式,可以用 json 库将其转换成字典,以便于操作。实现代码如下:

```
import requests
from bs4 import BeautifulSoup
import re
import json
def getKeyWord(keyword):
    url = 'http://www.baidu.com/s? wd ='+ keyword
    try:
        r = requests.get(url, timeout = 30)
        r.raise_for_status()
        r.encoding ='utf-8'
        return r.text
    except:
        return ""
def parserLinks(html):
```

```
    soup = BeautifulSoup(html,'html.parser')
    links = []
    for div in soup.find_all('div',{'data-tools':re.compile('title')}):
        data = div.attrs['data-tools']
        d = json.loads(data)
        links.append(d['title'])
    return links
def main():
    words = input('请输入你要搜索的关键字:')
    html = getKeyWord(words)
    ls = parserLinks(html)
    count = 1
    for i in ls:
        print('[{:^3}]{}'.format(count,i))
        count += 1
main()
```

运行结果：

```
请输入你要搜索的关键字:Python 程序设计
[ 1 ]Python 语言程序设计_北京理工大学_中国大学 MOOC(慕课)
[ 2 ]《Python 程序设计(第 3 版)》中英文 PDF 及代码 +《Python 参考手册第 4...
[ 3 ]python 程序设计规范 – 知乎
[ 4 ]python 程序设计 第三版 中文高清 pdf 版 (John Zelle) 18M 电子书 下载...
[ 5 ]python 程序设计 – 当当网
[ 6 ]《Python 程序设计》(陈春晖)【摘要 书评 试读】– 京东图书
[ 7 ]Python 编程基础
[ 8 ]Python 程序设计实例教程——董付国 –– 机械工业出版社
[ 9 ]在线 python 编程
```

9.4 网络爬虫的实践应用

【案例 9-2】 爬取豆瓣排在前 250 名的电影。

爬取豆瓣排在前 250 名电影的播放链接、封面链接、中外文名等数据,并将数据存储到文件中。

案例分析：

使用 requests 库获取网页数据,使用 bs4 和 re 对网页进行解析和文字匹配。

最后使用 xlwt 和 pymysql 将数据存入 Excel 和数据库。

实现代码：

```
import re
import requests
from bs4 import BeautifulSoup
import xlwt     # Excel 操作
```

```python
def main():
    baseUrl = "https://movie.douban.com/top250? start = "
    # 爬取网页
    dataList = getDate(baseUrl)
    # 保存数据
    savePath = "豆瓣 top250.xls"
    saveData(savePath, dataList)
    # saveDataToDb(dataList)
# 得到指定 URL 的网页内容
def askUrl(url):
    headers = {
        'user-agent': 'Mozilla/5.0 (Windows NT 10.0; Win64; x64)AppleWebKit/537.36 (KHTML, like
Gecko) Chrome/79.0.3945.79 Safari/537.36'
    }
    html = ""
    try:
        r = requests.get(url = url, headers = headers, timeout = 3)
        r.encoding = 'utf-8'
        html = r.text
    except Exception as e:
        if hasattr(e, "code"):
            print(e.code)
        if hasattr(e, "reason"):
            print(e.reason)
    return html
def getDate(baseUrl):
    dataList = []
    for i in range(0, 10):
        url = baseUrl + str(i * 25)
        html = askUrl(url)
        # 解析数据
        soup = BeautifulSoup(html, "html.parser")
        for item in soup.find_all("div", class_ = "item"):
            data = []   # 存放一部电影的所有信息
            item = str(item)
        link = re.findall(r'<a href = "(.*)">', item)[0]   # 链接
        data.append(link)
        image = re.findall(r'<img.*src = "(.*)".*/>', item)[0]   # 图片
        data.append(image)
        titles = re.findall(r'<span class = "title">(.*)</span>', item)   # 片名
        data.append(titles[0])   # 添加中文名
        if len(titles) == 2:   # 添加外国名
            data.append(titles[1].replace("\\", ""))
        else:
```

```
            data.append(" ")
        rate = re.findall(r'<span class = "rating_num".*>(.*)</span>', item)[0]    #评分
        data.append(rate)
        judge = re.findall(r'<span>(\d*)人评价</span>', item)[0]    #评级人数
        data.append(judge)
        inq = re.findall(r'<span class = "inq">(.*)</span>', item, re.S)    #简述
        if len(inq) != 0:
            inq = inq[0].replace("。", "")
            data.append(inq)
        else:
            data.append("")
        bd = re.findall(r'<p class = "">(.*?)</p>', item,  re.S)[0]      #其他信息
        bd = re.sub('<br/>', " ", bd)
        bd = re.sub("/", " ", bd)
        bd = re.sub("\\n", " ", bd)
        bd = re.sub(r"\xa0", " ", bd)
        data.append(bd.strip())
        dataList.append(data)
    return dataList


def saveData(savePath, dataList):
    workbook = xlwt.Workbook(encoding = "utf-8", style_compression = 0)
    worksheet = workbook.add_sheet("豆瓣 top250", cell_overwrite_ok = True)
    col = ("电影详情链接", "图片链接", "影片中文名", "影片英文名", "评分", "评价数", "概况", "相关信息")
    for i in range(0, 8):
        worksheet.write(0, i, col[i])
    for i in range(0, 250):
        data = dataList[i]
        for j in range(0, 8):
            worksheet.write(i + 1, j, data[j])
    workbook.save(savePath)
```

获取到的数据保存在 Excel 文件中,文件中内容如图 9-8 所示。

课后习题

1. 爬取豆瓣排在前 250 名的书籍,并保存每本书的书名、内容简介和作者信息。

2. 爬取豆瓣排在前 250 名的电影图片。url = 'https://movie.douban.com/top250?start='。url=http://shenzhen.qfang.com/。

3. 爬取深圳 Q 房网二手房房源信息,并将数据保存为.csv 格式的文件。

	A	B	C	D	E	F	G	H	I
1	电影详情链接	图片链接	影片中文名	影片英文名	评分	评价数	概况	相关信息	
2	https://movie.c	https://img2	肖申克的救赎	/ The Shawshank Redemption	9.7	2230102	希望让人自由	导演: 弗兰克·德拉邦特	
3	https://movie.c	https://img3	霸王别姬		9.6	1655307	风华绝代	导演: 陈凯歌 Kaige C	
4	https://movie.c	https://img3	阿甘正传	/ Forrest Gump	9.5	1679921	一部美国近现代	导演: 罗伯特·泽米吉斯	
5	https://movie.c	https://img3	这个杀手不太冷	/ Léon	9.4	1864926	怪蜀黍和小萝莉	导演: 吕克·贝松 Luc E	
6	https://movie.c	https://img9	泰坦尼克号	/ Titanic	9.4	1638458	失去的才是永恒	导演: 詹姆斯·卡梅隆 J	
7	https://movie.c	https://img2	美丽人生	/ La vita è bella	9.5	1038940	最美的谎言	导演: 罗伯托·贝尼尼 F	
8	https://movie.c	https://img1	千与千寻	/ 千と千尋の神隠し	9.4	1754180	最好的宫崎骏	导演: 宫崎骏 Hayao M	
9	https://movie.c	https://img2	辛德勒的名单	/ Schindler's List	9.5	857181	拯救一个人，救	导演: 史蒂文·斯皮尔伯	
10	https://movie.c	https://img2	盗梦空间	/ Inception	9.3	1631963	诺兰给我们一	导演: 克里斯托弗·诺兰	
11	https://movie.c	https://img1	忠犬八公的故事	/ Hachi: A Dog's Tale	9.4	1115446	永远都不能忘记	导演: 莱塞·霍尔斯道姆	
12	https://movie.c	https://img1	星际穿越	/ Interstellar	9.3	1303421	爱是一种力量，	导演: 克里斯托弗·诺兰	
13	https://movie.c	https://img9	海上钢琴师	/ La leggenda del pianista sull'oce	9.3	1328379	每个人都要走一	导演: 朱塞佩·托纳多雷	
14	https://movie.c	https://img2	楚门的世界	/ The Truman Show	9.3	1215733	如果再也不能见	导演: 彼得·威尔 Peter	
15	https://movie.c	https://img3	三傻大闹宝莱坞	/ 3 Idiots	9.2	1486437	英俊版憨豆，高	导演: 拉库马·希拉尼 F	
16	https://movie.c	https://img3	机器人总动员	/ WALL·E	9.3	1048608	小瓦力，大人生	导演: 安德鲁·斯坦顿 A	
17	https://movie.c	https://img3	放牛班的春天	/ Les choristes	9.3	1031142	天籁一般的童声	导演: 克里斯托夫·巴拉	
18	https://movie.c	https://img9	大话西游之大圣娶	/ 西遊記大結局之仙履奇緣	9.2	1192625	一生所爱	导演: 刘镇伟 Jeffrey L	
19	https://movie.c	https://img1	疯狂动物城	/ Zootopia	9.2	1439603	迪士尼给我们营	导演: 拜伦·霍华德 By	
20	https://movie.c	https://img9	熔炉	/ 도가니	9.3	729453	我们一路奋战不	导演: 黄东赫 Dong-hy	
21	https://movie.c	https://img9	无间道	/ 無間道	9.3	981995	香港电影史上分	导演: 刘伟强 麦兆辉	
22	https://movie.c	https://img9	教父	/ The Godfather	9.3	728797	千万不要记恨你	导演: 弗朗西斯·福特·科	
23	https://movie.c	https://img9	当幸福来敲门	/ The Pursuit of Happyness	9.1	1196027	平民励志片	导演: 加布里尔·穆奇诺	
24	https://movie.c	https://img9	龙猫	/ となりのトトロ	9.2	994814	人人心中都有个	导演: 宫崎骏 Hayao M	
25	https://movie.c	https://img1	怦然心动	/ Flipped	9.1	1399344	真正的幸福是未	导演: 罗伯·莱纳 Rob F	
26	https://movie.c	https://img9	触不可及	/ Intouchables	9.2	774881	满满温情的高雅	导演: 奥利维·那卡什 (	
27	https://movie.c	https://img1	控方证人	/ Witness for the Prosecution	9.6	333348	比利·怀德满分作	导演: 比利·怀尔德 Bill	
28	https://movie.c	https://img2	蝙蝠侠：黑暗骑士	/ The Dark Knight	9.2	811595	无尽的黑暗	导演: 克里斯托弗·诺兰	
29	https://movie.c	https://img3	活着		9.3	630624	张艺谋最好的电	导演: 张艺谋 Yimou Z	
30	https://movie.c	https://img1	末代皇帝	/ The Last Emperor	9.3	605016	"不要跟我比惨，	导演: 贝纳尔多·贝托鲁	
31	https://movie.c	https://img9	寻梦环游记	/ Coco	9.1	1214711	死亡不是真的逝	导演: 李·昂克里奇 Lee	
32	https://movie.c	https://img3	乱世佳人	/ Gone with the Wind	9.3	535432	Tomorrow is an	导演: 维克多·弗莱明 V	
33	https://movie.c	https://img1	何以为家	/ كفرناحوم	9.1	766771	凝视卑弱生命，	导演: 娜丁·拉巴基 Na	
34	https://movie.c	https://img1	指环王3: 王者无	/ The Lord of the Rings: The Return	9.2	590467	史诗的终章	导演: 彼得·杰克逊 Pe	
35	https://movie.c	https://img1	摔跤吧！爸爸	/ Dangal	9.0	1227395	你不是在为你一	导演: 涅提·蒂瓦里 Nit	
36	https://movie.c	https://img9	飞屋环游记	/ Up	9.0	1041223	最后那些无聊	导演: 彼特·道格特 Pe	
37	https://movie.c	https://img9	哈利·波特与魔法石	/ Harry Potter and the Sorcerer's S	9.1	809484	童话世界的开端	导演: Chris Columbus	
38	https://movie.c	https://img3	少年派的奇幻漂流	/ Life of Pi	9.1	1100246	瑰丽壮观、无人	导演: 李安 Ang Lee	
39	https://movie.c	https://img9	素媛	/ 소원	9.3	504214	受过伤害的人总	导演: 李濬益 Jun-ik L	
40	https://movie.c	https://img2	十二怒汉	/ 12 Angry Men	9.4	357815	1957年的理想主	导演: Sidney Lumet	

图 9-8　爬取豆瓣排在前 250 名的电影信息

第10章 多 线 程

问题导向

- 同一件事情,一个人做与多个人做,哪个速度快?
- 如何让程序模拟多个人做同一件事情?
- 如何保证多人做同一件事情又不让数据有冲突?

重点与难点

- 线程的创建与启动。
- 线程的阻塞。
- 事件处理机制。
- 线程同步方式。

知识导图

Python 之旅——多团同游

经过这一站的学习,读者会发现一切皆有可能。Python 之旅带读者实现多路线同游,不再担忧时间不够的难题。

10.1 多线程的定义

人们在日常生活中发现,如果一件事情同时让多个人一起做,那么它的完成速度比一个人单独做要快得多,特别是在生产线上,体现得更为明显。比如,要生产 1 000 个零件,一台机器生产需要 1 小时,如果 10 台机器同时生产,那么生产时间可以缩小为原来的 1/10。

在这里,一台机器生产零件的方式称为单线程或单进程。10 台机器同时生产称为多线程或多进程。

多线程技术的引入并不仅是为了提高处理速度和硬件资源的利用率,更重要的是可以提高系统的可扩展性和用户体验。采用多线程技术编写的代码移植到多处理器平台上不需要改写,就能立刻适应新的平台。

虽然对于单核 CPU 计算机,使用多线程并不能提高任务完成速度,但有些场合必须要使用多线程技术,或采用多线程技术可以让整个系统的设计更加人性化。

【案例 10-1】 对于一个 .zip 格式的压缩包,默认密码是 6 位数字。编写一个能暴力破解加密 .zip 文件的小程序。

暴力破解的基本思路是,调用 Python 中 zipfile 模块的 trypassword 函数,尝试从 0 到 999 999 的所有数字,成功解压时即相应的压缩密码。

最直白粗暴的实现方法:先导入 zipfile 库,以利用遍历数字进行匹配的方式实现。如果密码是 6 位数字,则在 000000~999999 之间进行遍历,发现数字匹配时,则结束。

实现代码:

```
import time
import zipfile
def trypassword(zf,psw):
    try:
        zf.extractall(pwd = bytes(psw,'ascii'))
        print('找到密码是:'+ psw)
        return True
    except:
        pass


def unzip():
    zf = zipfile.ZipFile('stu.zip','r')
    n = 10 * *6
    for i in range(n):
        psw ='%06d'%i   #将数字字符化,不够6位,在前面添0
        if trypassword(zf,psw):
            break


    zf.close()    #关闭文件
    return True
start = time.clock()
s = time.perf_counter()
unzip()
print('用时:%.2f 秒'%(time.clock()-start) )
```

运行结果:

找到密码是:565656

用时:58.27 秒

该案例用到 zipfile 的相关方法。

- zipfile. Zipfile(filename,' r '):创建压缩文件的对象,以只读方式打开。
- extractall(pwd=bytes(密码,' ascii ')):进行密码匹配,给出参数 pwd 的值,需以字节流的方式,指明提供的密码是 ascii 码(utf-8)。

从程序代码中可以看出,在使用暴力破解的过程中,一直只有一个线程在工作,耗时比较长。

如果使用多个线程同时工作来匹配密码,会不会减少运行时间呢?

1. 进程

接触过计算机的读者都使用过多种软件。例如,启动 Word 时,先用鼠标双击它的图标,Word 软件将从硬盘读取到内存,并弹出 Word 窗口。这个正在内存中运行的 Word 程序就是一个进程。

通俗地说,进程就是在计算机内存中运行的一个软件,即一个应用程序在处理机上的一次执行过程,它是一个动态的概念。

进程是线程的容器,也就是说线程是进程中的一部分,进程包含多个线程在运行。

在 Windows 操作系统中,启动"任务管理器",弹出的子窗口中有一个"进程"选项卡,在这里可看到该操作系统目前正在运行的各种进程,如图 10-1 所示。

图 10-1　任务管理器中的进程

2. 线程

磁盘上的应用程序文件被打开并执行时会创建一个进程,但是进程本身并不是执行单元,从来不执行任何东西,主要用作线程和相关资源的容器。要使进程中的代码真正运行起来,必须至少拥有一个能在这个环境中运行代码的执行单元,也就是线程。

线程有时被称为轻量级进程(Light Weight Process,LWP),是程序执行流的最小单元。一个标准的线程由线程 ID、当前指令指针、寄存器集合和堆栈组成。

线程是进程内的一个执行单元,也是进程内的可调度实体。线程是操作系统调度的基本单位,负责执行包含在进程地址空间中的代码并访问其中的资源。

当一个进程被创建时,操作系统自动为它创建一个线程,通常称为主线程。一个进程可以包含多个线程,主线程根据需要再动态地创建其他子线程。例如,利用"迅雷"下载资源时,发现它可以同步下载多个文件,这个下载过程就用到了多线程。

操作系统为每一个线程保存单独的寄存器环境和单独的堆栈,但是所有的子线程共享进程的地址空间、对象句柄、代码、数据和其他资源。

线程不能脱离进程而独立存在,但允许属于同一个进程的多个线程之间进行数据共享和同步控制。一般来说,除了主线程的生命周期与所属进程的生命周期一样之外,其他的子线程生命周期均小于所属进程的生命周期。

简而言之,一个程序至少有一个进程,一个进程至少有一个线程。一个线程可以创建和撤销另一个线程;同一个进程中的多个线程之间可以并发执行。

线程被创建之后,并不是始终保持着一种状态,可以分为如下几种状态。
- New:新建。新创建的线程经过初始化以后,进入就绪状态。
- Runnable:就绪。等待系统调度,被调度以后进入运行状态。
- Running:运行。
- Blocked:阻塞。解除阻塞以后,会进入就绪状态,重新等待调度。
- Dead:消亡。线程方法执行完毕,返回或者异常终止。

3. 线程分类

线程可以分为以下几种类型。
- 主线程。程序启动后,系统会创建并立刻运行一个线程,该线程称为程序的主线程(main thread)。
- 子线程。在程序中创建的其他线程,相对主线程来说,就是它的子线程。
- 守护线程。守护线程是运行在后台的一种特殊线程,故也称为后台线程。它独立于控制终端且周期性地执行某种任务或等待处理某些发生的事件。它的作用是为其他线程提供服务,譬如操作系统的垃圾回收站、打印服务等。守护线程的另一个特点是当主线程,如软件关闭时,守护线程会同步终止执行。这对退出前还需要处理部分数据保存等情况,是非常不利的。由此,退出主线程前,需要处理其他资源,建议使用守护线程方式。
- 前台线程。相对守护线程的其他线程称为前台线程,应用程序的主线程以及使用Thread构造的线程都默认为前台线程。

前台线程和后台线程的区别在于:应用程序必须运行完所有的前台线程才可以退出;而对于后台线程,应用程序则可以不考虑其是否已经运行完毕而直接退出,所有的后台线程在应用程序退出时都会自动结束。

10.2　Python 线程模块

10.2.1　常用线程模块

Python 线程模块包括 thread、threading、queue 等。

Python 主要是通过 thread 和 threading 这两个模块来实现多线程支持。Python 的 thread 模块是比较底层的模块。Python 的 threading 模块在 thread 的基础上开发了更高层次的线程编程接口,并提供了大量的方法和类来支持多线程编程,可以更加方便地被用户使用。标准库 threading 的常用方法如表 10-1 所示。

表 10-1　标准库 threading 的常用方法

方法/类	功能说明
active_count()、activeCount()	返回当前处于 alive 状态的 Thread 对象数量
current_thread()、currentThread()	返回当前的 Thread 对象
get_ident()	返回当前线程的线程标识符。线程标识符是一个非负整数,并没有特殊含义,只是用来标识线程,该整数可能会被循环利用。Python 3.3 及以后版本支持该方法
enumerate()	返回当前处于 alive 状态的所有 Thread 对象列表
main_thread()	返回主线程对象,即启动 Python 解释器的线程对象。Python 3.4 及以后版本支持该方法
stack_size([size])	返回创建线程时使用的栈大小,如果指定 size 参数,即指定后续创建的线程使用栈大小,size 必须是 0(表示使用系统默认值)或大于 32K(K 表示 1 024)的正整数

threading 模块除了这些方法之外,还提供了 Thread、RLock、Condition、Semaphore、Event 等类,具体见表 10-2。

表 10-2　threading 模块中常用的类

Thread(target=,args=())	线程类,用于创建和管理线程
Event	事件类,用于线程同步
Condition	条件类,用于线程同步
Lock、RLock	锁类,用于线程同步
Semaphore、BoundedSemaphore	信号量类,用于线程同步
Timer	用于在指定时间之后调用一个函数的情况

threading 还提供了 TIMEOUT_MAX 常量,主要用于线程同步在获取锁时的最大等待时间。在调用 Lock. acquire()、RLock. acquire()、Condition. wait()等方法超过这个常量限定的最长时间后,将会抛出 OverflowError 异常错误信息。

10.2.2　Thread 类

1. 创建线程

Thread 类是 threading 模块中最常用的功能,通过调用用户指定的函数 func,独立生成一个活动的线程。

调用用户指定的函数 func 有两种方式。

① 在 Thread 创建实例对象时,把 func 以参数形式传递给构造函数。

② 通过继承 Thread 类,并重写 run()方法,调用 func 函数。在 Thread 的子类中,只允许对 __init__()和 run()方法进行重写。

对应到操作时,使用 Thread 类来创建管理线程对象,有两种方式。

方法一,传递给 Thread 对象一个可执行方法:

```
线程名 = threading.Thread(target = func, args = ())
```

方法二,定义子类,父类为 threading.Thread,并重写 run()方法:

```
class 子类名(threading.Thread):    #继承父类 threading.Thread
    def __init__(self [,args]):
        threading.Thread.__init__(self)
        ……
    def run(self):   #把要执行的代码写到 run()函数里面
        ……
线程名 = threading.Thread(target = func, args = ())
```

其中 Thread 类的构造函数调用形式如下:

```
Thread( group = None, target = None, name = None, kwargs = {}, * ,daemon = None)
```

① group 参数:用于保留,作为将来的扩展功能。可以忽略该参数,或调用 group = None。

② target 参数:设置线程需要执行的自定义函数 func,如 target = func,设置完成后,被 run()方法调用,不设置,则线程不执行任何操作。

③ name 参数:指定需要执行的线程名称。不指定时,该类自动生成一个 Thread-N 形式的线程名称。

④ kwargs 参数:当自定义函数 func 带有参数时,把参数以元组的形式通过 kwargs 传递给 func。

⑤ daemon 参数:通过设置 False 或 True 确定是否守护线程,当为 None 时,守护线程属性将会继承父线程的状态(主线程默认情况下都为非)。

【案例 10-2】 用传递函数的方式创建两个线程,分别输出指定范围的数值,代码如下:

```
#方法一,通过 threading.Thread 创建多线程
import threading
import time
def func(x,y):
    for i in range(x,y):
        print(i,end=' ')
    print(time.ctime())
    #time.sleep(2)
t1 = threading.Thread(target = func,args = (15,20))
t1.start()
t2 = threading.Thread(target = func,args = (5,10))
t2.start()
```

运行结果如图 10-2 所示。

可以发现两个线程同时输出,即两个线程并发运行。

【案例 10-3】 用继承的方式生成多个列表,代码如下:

15 16 5 6 7 8 9 17 18 19 Sat Jun 13 11:20:11 2020
Sat Jun 13 11:20:11 2020

图 10-2 案例 10-2 程序运行结果

```
# 方法二,继承生成多列表,必须改写 run()方法
import threading
import time
class myThread(threading.Thread):  # 继承父类 threading.Thread
    def __init__(self, nums):
        threading.Thread.__init__(self)
        self.nums = nums
    def run(self):
        for i in self.nums:
            print(i,end=' ')
        print(time.ctime())
        time.sleep(2)
for i in range(5):
    nums = [item for item in range(i,20,5)]
    t1 = myThread(nums)
    t1.start()
```

运行结果如图 10-3 所示。

0 5 10 15 1 6 11 16 Mon Dec 14 21:35:27 2020
Mon Dec 14 21:35:27 2020
2 7 3 8 13 18   Mon Dec 14 21:35:27 2020
4 9 14 19 Mon Dec 14 21:35:27 2020
12 17 Mon Dec 14 21:35:27 2020

图 10-3 案例 10-3 程序运行结果

同样可以发现多个线程是并发的,多个线程同时输出列表元素,结果会出现"你中有我,我中有你"的现象。

2. Thread 的主要成员

创建线程后,可以调用其 start()方法来启动,该方法会自动调用该类对象的 run()方法,此时线程处于 alive 状态,直到线程的 run()方法运行结束。Thread 对象的主要方法如表 10-3 所示。

表 10-3 Thread 对象的主要方法

方 法	说 明
start()	自动调用 run()方法,启动线程,执行线程代码。每个线程只能启动一次。必须在 run()方法前被调用
run()	运行线程。使线程处于活动状态。在 run()方法里执行指定的用户自定义函数 func。可以在 Thread 子类中被重写

方　法	说　明
join(timeout＝None)	阻塞调用线程。等待调用该方法的线程对象运行，一直到该线程执行结束，阻塞才会释放。timeout 可以设置阻塞时间，单位为秒。该方法在 run()后运行
name	读取或设置线程名称，初始名称由构造函数设置
ident	线程标识 ID，如果线程尚未启动，则为 None,否则为非零整数
daemon	布尔值(False 或 True)。表示线程是否为守护线程。必须在 start()之前设置。初始值从创建线程继承
is_alive()、isAlive()	测试线程是否处于 alive 状态

一旦一个线程对象被创建，其活动必须通过调用线程的 start()方法来启动，然后再调用 run()方法来执行用户自定义的函数。

图 10-2、图 10-3 中出现的乱序现象则可以由 join()阻塞线程来解决。join()方法在 run()方法后执行，这会阻塞调用线程，直到调用 join()方法的线程运行终止，才能执行后续代码。

为案例 10-2 的代码添加 join()方法，改进代码如下：

```python
# 方法一,通过 threading.Thread 创建多线程,join()阻塞
import threading
import time
def func(x,y):
    for i in range(x,y):
        print(i,end=' ')
    print(time.ctime())
    time.sleep(1)
t1 = threading.Thread(target = func,args = (15,20))
t1.start()
t1.join(4)
t2 = threading.Thread(target = func,args = (5,10))
t2.start()
```

运行结果：

```
15  16  17  18  19  Mon Dec 14 22:07:50 2020
5  6  7  8  9  Mon Dec 14 22:07:51 2020
```

为案例 10-3 的代码添加 join()方法，改进代码如下：

```python
# 方法二,继承生成多列表
import threading
import time
class myThread(threading.Thread):   # 继承父类 threading.Thread
    def __init__(self, nums):
        threading.Thread.__init__(self)
        self.nums = nums
    def run(self):
        for i in self.nums:
```

```
            print(i,end=' ')
        print(time.ctime())
        time.sleep(1)
for i in range(5):
    nums = [item for item in range(i,20,5)]
    t1 = myThread(nums)
    t1.start()
    t1.join()
```

运行结果：

```
0  5  10  15  Mon Dec 14 22:06:53 2020
1  6  11  16  Mon Dec 14 22:06:54 2020
2  7  12  17  Mon Dec 14 22:06:55 2020
3  8  13  18  Mon Dec 14 22:06:56 2020
4  9  14  19  Mon Dec 14 22:06:57 2020
```

10.2.3 多线程破解密码

1. 单线程破解

对案例 10-1 的暴力破解密码采用线程的方式来实现,如果同一时刻只有一个线程去匹配密码,实现代码如下:

```
# 单线程
import time
import zipfile
import threading
f = True
def trypassword(zf,psw):
    try:
        zf.extractall(pwd = bytes(psw,'ascii'))
        print('找到密码是:' + psw)
        global f
        f = False    # 找到密码将 f 置为 False,否则一直为 True
    except:
        pass

def unzip():
    zf = zipfile.ZipFile('stu.zip','r')
    n = 10 ** 6
    for i in range(n):
        num = '%06d' % i
        if f:
            t = threading.Thread(target = trypassword, args = (zf, num))
```

```
                t.start()
                t.join()
        zf.close()           #关闭文件
        return True
start = time.clock()
unzip()
print('程序用时：%.2f 秒'%(time.clock()-start))
```

运行结果：

```
找到密码是:565656
程序用时：129.08 秒
```

2. 多线程破解

单线程耗时非常长才找到密码，原因是在不停地创建线程，用创建的这一个线程去匹配密码，导致时间开销比较大。如果同时创建了多个线程，用多个线程去匹配查找密码，时间会不会减少呢？设计代码如下：

```
#多线程,数量8
import time
import zipfile
import threading
f = True
def trypassword(zf,psw):
    for nums in psw:
        try:
            zf.extractall(pwd = bytes(nums,'ascii'))
            print('找到密码是:'+ nums)
            global f,start
            print('用时 %.2f'%(time.clock()-start))
            f = False
        except:
            pass
def unzip():
    zf = zipfile.ZipFile('stu.zip','r')
    n = 10 * * 6
    threadcount = 8              #线程数量为8
    for i in range(threadcount):
        num = ['%06d'% item for item in range(i,n,threadcount)]
        if f:
            t = threading.Thread(target = trypassword, args = (zf, num))
            t.start()
            t.join()
    zf.close()                  #关闭文件
    return True
```

```
start = time.clock()
unzip()
print('程序用时：%.2f'%(time.clock()-start))
```

运行结果：

```
找到密码是：565656
用时 7.25
程序用时：13.30
```

可以发现当线程数量增加时，用时大大地减少了。在这段代码中，同一时刻有 8 个线程在进行密码查找。那么是否线程越多越好呢？答案是否。

首先分配 CPU 资源的单位是进程。一个进程所获得的 CPU 资源是一定的。程序在执行的过程中消耗的是 CPU，比如一个单核 CPU，多个线程同时执行时，需要不断切换执行（上下文切换），单个线程的耗费时间更多了，而单线程只是一个线程跑。

在匹配密码时，假如 10 次匹配可全部匹配完，在单线程的情况下，10 次匹配共需要 1 min。

单线程先执行第一次匹配，用 6 s，再执行第二次匹配，也用 6 s，总计 1 min。

多线程是 10 个密码一起进行匹配，但是每一个密码匹配都要 1 min。所以，多线程的总体执行时间和单线程是一样的，但是在多线程中单个线程的执行时间是单线程的多倍。

那为什么常常发现多线程的处理速度更快呢？多线程提高的是并发数量，比如，现在有一个 4 核 CPU 的服务器，同一时间可执行 4 个线程，这样处理线程任务的速度比较快。但是对 4 取余多出来的线程，如 5 个、6 个、7 个，会发现这些多出的线程还是要等待。

我们从运行结果中可以发现，找到密码时用时 7.25 s，但是程序并未马上结束，其他的线程还在继续运行，直到循环中创建的线程全部终止，所以程序运行时间延后多秒。

要解决这种不必要的时间开销，需要用到事件机制。

10.3　事件机制

10.3.1　Event 事件对象

每执行一个事情，肯定有该事情的执行后状态，事件就是该事情发生的信号。在程序中，多线程之间需要通信，而事件就是为了方便线程之间的通信。

Python 中提供了 Event 事件对象，用于线程间通信，它是由线程设置的信号标志，如果信号标志位真，则其他线程等待直到信号接触。

Event 事件处理的机制：全局定义了一个内置标志 Flag，如果 Flag 值为 False，那么当程序执行 event.wait 方法时就会阻塞；如果 Flag 值为 True，那么程序执行 event.wait 方法时便不再阻塞。事件 Event 用于控制一个或多个进程同时进行堵塞或执行，可以让进程之间做到同时堵塞、同时进行，类似一种断点的效果，常用于一种信号状态的传递。

Event 事件常用的方法如表 10-4 所示。

表 10-4　Event 事件常用的方法

方　法	说　明
set()	将 Event 事件对象内部的信号标志设为 True,并通知所有处于等待阻塞状态的线程恢复运行状态
isSet()	获取其内部信号标志的状态,返回 True 或 False
wait(timeout)	只有在内部信号为真的时候才会很快地执行并返回。当内部信号标志为假时,则 wait()方法一直等待,直到其为真时才返回
clear()	清除 Event 事件对象内部的信号标志,即将其设为假,当使用 Event 的 clear 方法后,isSet()方法返回假

使用 Event 的 set()方法可以设置 Event 事件对象内部的信号标志为真。Event 对象提供了 isSet()方法来判断其内部信号标志的状态。当使用 Event 对象的 set()方法后,isSet()方法返回真。

使用 Event 对象的 clear()方法可以清除 Event 对象内部的信号标志,即将其设为假,当使用 Event 的 clear 方法后,isSet()方法返回假。

如果标志为 True 将立即返回,否则阻塞线程至等待阻塞状态,等待其他线程调用 set()。

Event 其实就是一个简化版的 Condition,但是 Event 没有锁,无法使线程进入同步阻塞状态。

【案例 10-4】　利用事件触发红绿灯状态,控制车辆通行。

```python
import threading
import time
import random
def light(e):
    global start
    while start:
        if e.is_set():
            e.clear()
            print('\033[31m 红灯亮了\033[0m')
        else:
            e.set()
            print('\033[32m 绿灯亮了\033[0m')
        time.sleep(2)

def cars(e,i):
    if note.is_set():  #表示'红灯亮了:':
        print('car%i在等待'%i)
        e.wait()  #'等红灯'阻塞直到得到一个事件状态变为 True 的信号
    #'车通行'
    print('\033[0;32;40mcar%i通过\033[0m'%i)
def stop_thread(thread):
    _async_raise(thread.ident, SystemExit)
if __name__ == '__main__':
    start = True
```

```
e = threading.Event()
traffic = threading.Thread(target = light, args = (e,))


traffic.start()


for i in range(1,10):


    car = threading.Thread(target = cars, args = (e,i))
    car.start()
    car.join()
    time.sleep((random.random()))
else:
    start = False    #终止线程,否则将无限制继续
    print('汽车已全部通过')
```

运行结果：

```
绿灯亮了
car1 通过
car2 通过
car3 通过
红灯亮了
car4 在等待
car5 在等待
car6 在等待
car7 在等待
绿灯亮了
car4 通过
car7 通过
car6 通过
car5 通过
car8 通过
car9 通过
汽车全部通过
```

10.3.2 事件机制辅助密码破解

为了解决案例 10-1 中密码找到了,但程序还需要再运行一段时间才能结束的问题,采用事件机制,一个线程找到密码,就通知其他线程结束运行。

改进策略如下。

① 创建一个事件机制的对象。

② 在密码匹配循环中,添加一个事件判断 isSet(),如果 isSet()的结果是 False,则继续尝试密码匹配。找到密码则用 set()方法将 Event 对象内部的信号标志设为 True,由此可通知所有处于等待阻塞状态的线程。

```
#启用事件机制的多线程破解密码
import zipfile,time,threading
evt = threading.Event()
def trypassword(zf,pswlist):
    for psw in pswlist:
        if not evt.isSet():
            try:
                zf.extractall(pwd = bytes(psw,'ascii'))
                print('密码是:'+ psw)
                global start
                print('用时 %.2f'%(time.clock()-start))
                evt.set()
                break
            except:
                pass
            else:
                break
    return True
def unzip():
    zf = zipfile.ZipFile('stu.zip','r')
    n = 10 ** 6
    threadcount = 8
    for i in range(threadcount):
        pswlist = ['%06d'% item for item in range(i,n,threadcount)]
        thread = threading.Thread(target = trypassword,args =(zf,pswlist))
        thread.start()
        thread.join()
    zf.close()
    return True
start = time.perf_counter()
unzip()
print('程序用时:%.2f'%(time.clock()-start))
```

运行结果:

```
密码是:565656
用时 7.08
程序用时:7.24
```

10.4 线 程 同 步

多线程间共享全局变量,如果多个线程共同对某个数据进行修改,则可能出现不可预料的结果,为了保证数据的正确性,需要对多个线程进行同步。引用线程同步技术就是通过技术手段,使多线程有序使用共享数据,避免数据出错的发生。

Python 中提供了多个用于控制同步的原语,这些原语包含在 Python 的标准库 threading 中。这里主要介绍 Lock、RLock、Condition、Queue。

10.4.1 Lock

Lock 是 Python 里最简单的同步原语,由_thread 扩展模块直接实现。一旦一个线程获得一个锁,随后获取它的尝试将被阻塞,直到它被释放。Lock 是比较低级的同步原语,当被锁定以后不属于特定的线程。任何线程都可以释放它。原始锁有两个状态:锁定(locked)和解锁(unlocked)。刚创建时的状态是 unlocked。

Lock 有两个方法:acquire()和 release()。

acquire()方法建立一个锁,建立成功返回 True,建立失败返回 False。基本格式是:

```
acquire(blocking = True, timeout = - 1)
```

其中 timeout 参数指定加锁多少秒。

release()方法释放锁,用来将 locked 状态改为 unlocked 状态并立即返回。如果 acquire()加锁失败,则阻塞,表明其他线程已经加锁。只有在状态是 locked 时调用 release()方法得到 True,如果是 unlocked 状态,调用 release()方法会抛出 RunTimeError 异常。

这两个方法必须是成对出现的,必须 release()后才能调用 acquire(),否则会造成死锁。

需要注意的是,Python 有一个 GIL(Global Interpreter Lock)机制,任何线程在运行之前必须获取这个全局锁才能执行,每执行完 100 字节码后,全局锁才会释放,切换到其他线程执行。

例如,用多个线程对 x 值进行修改时,要保证值不会混乱,采用 Lock 机制,代码如下:

```
import threading
import time
class myThread(threading.Thread):
    def __init__(self):
        threading.Thread.__init__(self)
    def run(self):
        global x
        lock.acquire()
        x += 3
        print(x)
        # 释放锁
        lock.release()
lock = threading.Lock()
t1 = []
for i in range(5):
    t = myThread()
    t1.append(t)
x = 0
```

```
for a in t1:
    a.start()
```

运行结果如下：

```
3
6
9
12
15
```

如果把 lock. acquire()、lock. release()这两句删掉再运行,会发现多个线程之间没有规律,输出结果杂乱无章,如图 10-4 所示。

图 10-4　没有同步的输出

从代码中可以看出使用 Lock 类实现数据同步,需经过 3 个步骤。

① 创建锁对象:lock＝threading. Lock()。

② 锁定资源:lock. acquire()。

③ 释放资源:lock. release()。

【案例 10-5】　多线程实现窗口卖票。

```
import threading
import time
lock = threading. Lock()
k = 10
class a(threading. Thread):
    def __init__(self):
        threading. Thread. __init__(self)
    def run(self):
        global k,lock
        while(k > 0):
            lock. acquire()
            if(k > 0):
                print("a 窗口卖出一张票,还剩" + str(k - 1) + "张票",time.ctime())
                k = k - 1
            if (k < = 0):
                print("票卖完了")
            time. sleep(1)
            lock. release()
```

```
class b(threading.Thread):
    def __init__(self):
        threading.Thread.__init__(self)
    def run(self):
        global k,lock

        while(k>0):
            lock.acquire()
            if(k>0):
                print("b窗口卖出一张票,还剩" + str(k-1) + "张票",time.ctime())
                k = k-1
            if(k<0 or k==0):
                print("票卖完了")
            time.sleep(1)
            lock.release()
t1 = a()
t2 = b()
t2.start()
t1.start()
```

运行结果：

```
b窗口卖出一张票,还剩 9 张票 Wed Dec 16 13:40:34 2020
a窗口卖出一张票,还剩 8 张票 Wed Dec 16 13:40:34 2020
a窗口卖出一张票,还剩 7 张票 Wed Dec 16 13:40:35 2020
b窗口卖出一张票,还剩 6 张票 Wed Dec 16 13:40:35 2020
a窗口卖出一张票,还剩 5 张票 Wed Dec 16 13:40:35 2020
a窗口卖出一张票,还剩 4 张票 Wed Dec 16 13:40:36 2020
b窗口卖出一张票,还剩 3 张票 Wed Dec 16 13:40:36 2020
a窗口卖出一张票,还剩 2 张票 Wed Dec 16 13:40:36 2020
b窗口卖出一张票,还剩 1 张票 Wed Dec 16 13:40:37 2020
a窗口卖出一张票,还剩 0 张票 Wed Dec 16 13:40:37 2020
票卖完了
票卖完了
```

10.4.2　RLock

使用 Thread 对象的 Lock 和 RLock 可以实现简单的线程同步,这两个对象都有 acquire()方法和 release()方法,对于那些每次只允许一个线程操作的数据,可以将其操作放到 acquire()方法和 release()方法之间。

RLock 类对象是可重复锁,它可以被同一个线程多次获取,可以避免 Lock 多次锁定产生的死锁问题。acquire()和 release()同样提供"锁定"和"解锁"功能。与 Lock 的区别在于,RLock 可以嵌套调用锁定和解锁方法。

Lock 和 RLock 的区别如下。

- threading.Lock：它是一个基本的锁对象，每次只能锁定一次，对于其余的锁请求，需等待锁释放后才能获取。
- threading.RLock：它代表可重入锁（reentrant lock）。对于可重入锁，在同一个线程中可以对它进行多次锁定，也可以多次释放。如果使用 RLock，那么 acquire() 和 release() 方法必须成对出现。如果调用了 n 次 acquire() 加锁，则必须调用 n 次 release() 才能释放锁。

RLock 具有可重入性。也就是说，同一个线程可以对已被加锁的 RLock 再次加锁，RLock 对象会维持一个计数器来追踪 acquire() 方法的嵌套调用，线程在每次调用 acquire() 加锁后，都必须显式调用 release() 方法来释放锁。所以，一个被锁保护的方法可以调用另一个被相同锁保护的方法。

Lock 是控制多个线程对共享资源进行访问的工具。通常，锁提供了对共享资源的独占访问，每次只能有一个线程对 Lock 对象加锁，线程在开始访问共享资源之前应先请求获得 Lock 对象。当对共享资源访问完成后，程序释放对 Lock 对象的锁定。

在实现线程安全的控制中，比较常用的是 RLock。通常使用 RLock 的代码格式如下：

```
class X:
    #定义需要保证线程安全的方法
    def m ():
        #加锁
        self.lock.acquire()
        try:
            #需要保证线程安全的代码
            #……方法体
        #使用 finally 块来保证释放锁
        finally:
            #修改完成,释放锁
            self.lock.release()
```

使用 RLock 对象来控制线程安全，当加锁和释放锁出现在不同的作用范围内时，通常建议使用 finally 块来确保在必要时释放锁。

通过使用 Lock 对象可以非常方便地实现线程安全的类，线程安全的类具有如下特征。
- 该类的对象可以被多个线程安全地访问。
- 每个线程在调用该对象的任意方法之后，都将得到正确的结果。
- 每个线程在调用该对象的任意方法之后，该对象都依然保持合理的状态。

总的来说，不可变类总是线程安全的，因为它的对象状态不可改变，但可变对象需要额外的方法来保证其线程安全。

例如，用 RLock 进行线程同步来实现窗口卖票，可以重复上锁、解锁，但是上锁次数和解锁次数一定要相互对应。代码如下：

```
#RLock 多线程同步实现——窗口卖票
import threading
import time

class Ticket(threading.Thread):
```

```
        def __init__(self,k,p):
            threading.Thread.__init__(self)
            self.p = p
            self.k = k
        def run(self):
            global k,lock,No

            while(k>0):
                rlock.acquire()
                if(k>0):
                    print(self.k + "窗口卖出" + str(No[k-1]) + "号票,还剩" + str(k-1) + "张票",
time.ctime())
                    k = k-1
                rlock.acquire()
                if(k<=0):
                    print("票卖完了")
                    break
                rlock.release()
                rlock.release()
                time.sleep(self.p)
    rlock = threading.RLock()
    k = 5
    No = ['%03d'% i for i inrange(1,k+1)]
    t1 = Ticket('B',1)
    t2 = Ticket('A',2)
    t2.start()
    t1.start()
```

运行结果如下：

```
A 窗口卖出 005 号票,还剩 4 张票 Wed Dec 16 22:37:11 2020
B 窗口卖出 004 号票,还剩 3 张票 Wed Dec 16 22:37:11 2020
B 窗口卖出 003 号票,还剩 2 张票 Wed Dec 16 22:37:12 2020
A 窗口卖出 002 号票,还剩 1 张票 Wed Dec 16 22:37:13 2020
B 窗口卖出 001 号票,还剩 0 张票 Wed Dec 16 22:37:13 2020
票卖完了
```

10.4.3　Condition

Condition 对象可以在某些事件触发后处理数据或执行特定的功能代码,可以用于不同线程之间的通信或通知,以实现更高级别的同步。

Condition 对象除了提供与 Lock 类似的 acquire()和 release()方法外,还提供了 wait()、wait_for()、notify()和 notify_all()等方法。

wait(timeout ＝None) 方法释放锁,并阻塞当前线程,直到超时或其他线程针对同一个

Condition 对象调用 notify()、notify_all()方法,被唤醒的线程会重新尝试获取锁并在成功获取锁之后结束 wait()方法,然后继续执行。

　　wait_for(predicate,timeout＝None)方法阻塞当前线程,直到超时或条件得到满足。

　　notify(n＝1)唤醒等待该 Condition 对象的一个或多个线程,该方法不负责释放锁。

　　notify_all()方法会唤醒等待该 Condition 对象的所有线程。

　　用 Condition 进行线程同步,实现窗口卖票的代码如下:

```python
import threading
import time
class window_a(threading.Thread):
    def __init__(self):
        threading.Thread.__init__(self)
    def run(self):
        global k,lock

        while(k>0):
            if condition.acquire():
                if(k>0):
                    print("a 窗口卖出一张票,还剩" + str(k-1) + "张票",time.ctime())
                    k = k - 1
                    condition.notify()

                if k <= 0:
                    print("票卖完了")
                    condition.wait()
                condition.release()
                time.sleep(0.5)

class window_b(threading.Thread):
    def __init__(self):
        threading.Thread.__init__(self)
    def run(self):
    global k,lock

    while(k>0):
        if condition.acquire():
            if(k>0):
                print("b 窗口卖出一张票,还剩" + str(k-1) + "张票",time.ctime())
            k = k - 1
                condition.notify()
            if k <= 0:
                print("票卖完了")
                condition.wait()
        condition.release()
```

```
            time.sleep(1)
k = 10
condition = threading.Condition()
t1 = window_a()
t2 = window_b()
t2.start()
t1.start()
```

运行结果：

```
b 窗口卖出一张票,还剩 9 张票 Wed Dec 16 22:25:43 2020
a 窗口卖出一张票,还剩 8 张票 Wed Dec 16 22:25:43 2020
a 窗口卖出一张票,还剩 7 张票 Wed Dec 16 22:25:44 2020
b 窗口卖出一张票,还剩 6 张票 Wed Dec 16 22:25:44 2020
a 窗口卖出一张票,还剩 5 张票 Wed Dec 16 22:25:44 2020
a 窗口卖出一张票,还剩 4 张票 Wed Dec 16 22:25:45 2020
b 窗口卖出一张票,还剩 3 张票 Wed Dec 16 22:25:45 2020
a 窗口卖出一张票,还剩 2 张票 Wed Dec 16 22:25:45 2020
a 窗口卖出一张票,还剩 1 张票 Wed Dec 16 22:25:46 2020
b 窗口卖出一张票,还剩 0 张票 Wed Dec 16 22:25:46 2020
票卖完了
```

10.4.4 Queue

Queue 模块实现多生产者、多消费者队列。Thread 提供的 Queue 类实现多线程编程所需要的锁原语,是线程安全的,不需要额外的同步机制,尤其适合需要在多个线程之间进行信息交换的场合。Queue 类对象的 get()和 put()方法都支持一个超时参数 timeout,调用该方法时如果超时会抛出异常。

当信息必须在多个线程之间安全地交换时,Queue 在线程编程中特别有用,是多线程之间安全共享数据的最佳技术之一。

put()方法用于插入数据,格式:

```
Queue.put(item, block = True, timeout = None)
```

put()方法可以将 item 插入队列中,如果 block 为 True(默认),且 timeout 为正值,则会阻塞 timeout 指定的时间,直到该队列有剩余的空间。如果超时,就会抛出 Queue.Full 异常,如果 block 为 False,但是该 Queue 已经满了,就会立即抛出 Queue.Full 异常。

get()方法用于读取数据,格式:

```
Queue.get(block = True, timeout = None)
```

get()方法从队列中读取并删除一个元素。如果 block 为 True(默认),并且 timeout 为正值,那么在等待时间内没有读取到任何元素,会抛出 Queue.Empty 异常;如果 block 为 False,有两种情况存在,如果 Queue 有一个值可用,则立即返回该值,如果队列为空,则立即抛出 Queue.Empty 异常。

Python 的 Queue 模块中提供了同步的、线程安全的队列类，包括 FIFO（先入先出）队列 Queue、LIFO（后入先出）队列 LifoQueue 和优先级队列 PriorityQueue。这些队列都实现了锁原语，能够在多线程中直接使用。可以使用队列来实现线程间的同步。

Queue 模块中除了 put() 和 get() 方法之外，还有如下常用方法。

- Queue. qsize()：返回队列的大小。
- Queue. empty()：如果队列为空，返回 True，反之返回 False。
- Queue. full()：如果队列满了，返回 True，反之返回 False，Queue. full 与 maxsize 大小对应。
- Queue. get_nowait()：相当于 Queue. get(False)。
- Queue. put_nowait(item)：相当于 Queue. put(item, False)。
- Queue. task_done()：在完成一项工作之后，Queue. task_done() 函数向任务已经完成的队列发送一个信号。
- Queue. join()：实际上意味着等到队列为空，再执行别的操作。

例如，用 Queue 进行线程同步，以实现窗口卖票时的排除现象，实现代码如下：

```python
import threading
import time
import queue

class Ticket(threading.Thread):
    def __init__(self,guest,window):
        threading.Thread.__init__(self,name = guest)
        self.guest = guest
        self.window = window
    def run(self):
        global k,lock,q1,q2,i

        while(k>0):
            q1.put(self.getName() + str(i))
            q2.put(k)
            print(self.getName() + str(i) + '排到队伍 % s 尾部 '% self.window,time.ctime())
            if(k>0):
                print(self.window,"窗口卖出一张票,还剩" + str(k-1) + "张票",time.ctime())
                print(q1.get(),'买到了 % 03d 号票'% q2.get())
                k = k - 1
                i += 1
            if(k<= 0):
                # print(self.getName(),i,'排到队伍 B 尾部 ')
                print("票卖完了")
                i += 1
            time.sleep(1)
k = 5
q1 = queue.Queue()
```

```
q2 = queue.Queue()
i = 1
t1 = Ticket('乘客','A')
t2 = Ticket('乘客','B')
t2.start()
time.sleep(0.1)
t1.start()
```

运行结果：

```
乘客 1 排到队伍 B 尾部　　Wed Dec 16 23:42:25 2020
B 窗口卖出一张票,还剩 4 张票 Wed Dec 16 23:42:25 2020
乘客 1 买到了 005 号票
乘客 2 排到队伍 A 尾部　　Wed Dec 16 23:42:25 2020
A 窗口卖出一张票,还剩 3 张票 Wed Dec 16 23:42:25 2020
乘客 2 买到了 004 号票
乘客 3 排到队伍 B 尾部　　Wed Dec 16 23:42:26 2020
B 窗口卖出一张票,还剩 2 张票 Wed Dec 16 23:42:26 2020
乘客 3 买到了 003 号票
乘客 4 排到队伍 A 尾部　　Wed Dec 16 23:42:26 2020
A 窗口卖出一张票,还剩 1 张票 Wed Dec 16 23:42:26 2020
乘客 4 买到了 002 号票
乘客 5 排到队伍 B 尾部　　Wed Dec 16 23:42:27 2020
B 窗口卖出一张票,还剩 0 张票 Wed Dec 16 23:42:27 2020
乘客 5 买到了 001 号票
票卖完了
```

10.5　多线程实践

【案例 10-6】　多线程爬取小说。

多线程可以实现多任务同步进行。下面的代码实现了利用多线程爬取笔趣阁网站的小说。

小说爬取需先输入小说名称和多线程数量,然后在网站上按章节进行爬取,并将爬取的数据保存到字典中,再按小说的章节进行排序,最后将内容保存到指定路径的文本文件中,以输入的小说名作为文件名保存。具体代码如下：

```
import threading
import time
from bs4 import BeautifulSoup
import codecs
import requests


begin = time.clock()
```

```python
# 多线程类
class myTread(threading.Thread):
    def __init__(self,threadID,name,st):
        threading.Thread.__init__(self)
        self.threadID = threadID
        self.name = name
        self.st = st
    def run(self):
        print('start',str(self.name))
        threadget(self.st)
        print('end',str(self.name))


txtcontent = {}  # 存储小说所有内容


novellist = {}   # 存放小说列表
def getnovels(html):
    soup = BeautifulSoup(html,'lxml')
    list = soup.find('div',id='main').find_all('a')
    baseurl = 'http://www.paoshu8.com'
    for l in list:
        novellist[l.string] = baseurl + str(l['href']).replace('http:','')


# 获取页面 html 源码
def getpage(url):
    headers = {
        'user-agent':'Mozilla/5.0 (Windows NT 10.0; WOW64) AppleWebKit/537.36 (KHTML, like Gecko) Chrome/63.0.3239.132 Safari/537.36'
    }
    page = requests.get(url).content.decode('utf-8')
    return page


chaptername = []  # 存放小说章节名字
chapteraddress = []     # 存放小说章节地址


# 获取小说所有章节以及地址
def getchapter(html):
    soup = BeautifulSoup(html,'lxml')
    try:
        alist = soup.find('div',id='list').find_all('a')
        for list in alist:
            chaptername.append(list.string)
            href = 'http://www.paoshu8.com' + list['href']
            chapteraddress.append(href)
        return True
```

```
    except：
        print('未找到章节')
        return False


#获取章节内容
def getdetail(html)：
    soup = BeautifulSoup(html,'lxml')
    try：
        content = '    '
        pstring = soup.find('div',id='content').find_all('p')
        for p in pstring：
            content += p.string
            content += '\n    '
        return content
    except：
        print('出错')
        return '出错'


def threadget(st)：
    max = len(chaptername)
    #print('threadget 函数',st,max)
    while st < max：
        url = str(chapteraddress[st])
        html = getpage(url)
        content = getdetail(html)
        txtcontent[st] = content
        print('下载完毕'+chaptername[st])
        st += thread_count


url = 'http://www.paoshu8.com/xiaoshuodaquan/' #小说大全网址
html = getpage(url)
getnovels(html)  #获取小说名单


name = input('请输入想要下载小说的名字：\n')
if name in novellist：
    print('开始下载')
    url = str(novellist[name])
    html = getpage(url)
    getchapter(html)


    thread_list = []
    thread_count = int(input('请输入需要开的线程数'))
    for id in range(thread_count)：
        thread1 = myTread(id,str(id),id)
```

```
            thread_list.append(thread1)
    for t in thread_list:
        t.setDaemon(False)
        t.start()
    for t in thread_list:
        t.join()
    print('\n 子线程运行完毕')
    txtcontent1 = sorted(txtcontent)
    file = codecs.open('小说'+ name +'.txt','w','utf-8')    # 小说存放在本地的地址
    chaptercount = len (chaptername)
    # 写入文件中
    for ch in range(chaptercount):
        title = '\n                第' + str (ch + 1) + '章  ' + str (chaptername[ch]) + '  \n\n'
        content = str(txtcontent[txtcontent1[ch]])
        file.write(title + content)
    file.close()
    end = time.clock()
    print('下载完毕,总耗时',end - begin,'秒')
else:
    print('未找见该小说')
```

运行结果分别如图 10-5 与图 10-6 所示。

```
请输入想要下载小说的名字:
斗罗大陆
开始下载
请输入需要开的线程数100
start start  0
 start  2
1start  3

start  4
start  5
start  6
start  7
```

图 10-5 输入小说名和线程数量

课 后 习 题

1. 用面向对象的继承方法创建多线程,编写用多线程与事件机制实现暴力破解密码的程序。

2. 用传递函数的方式创建线程,改写案例 10-4。

3. 用传递函数的方式创建线程,改写案例 10-5。

4. 模拟银行的叫号系统,用多线程实现排队与叫号过程。

```
end  93
下载完毕第二百三十六章  大结局，最后一个条件（全书完）
end  18
下载完毕第三百一十九章  食神与九彩神女
end  0
下载完毕新书《阴阳冕》预告
下载完毕第十六章  板晶发金龙须针（二）
下载完毕第四十四章  大师教学的第二阶段(上)
下载完毕第七十七章  大力神，爷爷真的来了（中）
下载完毕第一百一十章  花中之王、君临群芳（下）
下载完毕第一百四十四章  唐三的母亲，十万年蓝银皇（上）
下载完毕第三十三集  七怪真身  第二百二十五章  穿越，海神之光
下载完毕第三百二十五章  六怪发威，兵临城下
end  6
下载完毕新书《阴阳冕》预告
end  12
下载完毕第四十二集  天使之神  第二百八十八章  邪神附体之暗魔邪神虎
end  69

子线程运行完毕
下载完毕，总耗时 29.992695599999934 秒
```

图 10-6 爬取过程

5. 利用多线程爬取豆瓣排在前 250 名的电影图片。url = 'https://movie.douban.com/top250? start='。每个线程爬取的图片都保存到对应线程名称的文件夹中。

第11章　图形用户界面

问题导向

- 如何将用户与计算机的交互以图形用户界面的形式呈现?
- 图形用户界面的各种元素怎么创建?
- 多种图形用户界面元素怎么布局?
- 界面操作如何与后台数据关联?

重点与难点

- 图形用户界面的基本操作。
- tkinter 模块中基本组件的使用方法。
- tkinter 子模块下的组件使用方法。
- 应用图形用户界面进行系统设计。

知识导图

Python 之旅——旅行导航

到一个陌生的城市旅行,如何快速地找到去往景点的路径?当然是开启智能时代产品地图导航。在 Python 中也可以实现这种看得到的功能效果,采用的是图形用户界面的方法,用看得见的图形来引导用户解锁产品。在这一站,我们通过图形用户界面的方法来实现按图导航,体验旅行之乐。

图形用户界面(Graphical User Interface,GUI)又称为图形用户接口,它是一套工具集,可以结合各种计算机语言进行界面开发。

在主流计算机环境中有 3 种软件操作界面:一是以 DOS 为代表的二维界面,以命令符方式进行交互;二是以 Windows 为代表的三维图形化用户界面,以各类窗口与按钮等元素进行交互;三是以网页为代表的 Web 用户界面。

Python 作为一门优秀的语言,自诞生之日起,已经结合了许多优秀的 GUI 工具集,人们通过它编写了许多的应用程序。Python 提供了多种图形开发界面的库,几个常用 Python GUI 库如下。

- tkinter:tkinter 模块(Tk 接口)是 Python 标准 Tk GUI 工具包的接口,Tk 和 tkinter 可以在大多数 UNIX 平台下使用,同样可以应用在 Windows 和 macOS 系统里。Tk 8.0 的后续版本可以实现本地窗口风格,并良好地运行在绝大多数平台中。
- wxPython:wxPython 是一款开源软件,是 Python 语言一套优秀的 GUI 图形库,可使 Python 程序员很方便地创建完整的、功能健全的 GUI 用户界面。
- PyQt:PyQt 是 Qt 公司 Qt 应用程序框架的一组 Python V2 和 V3 的绑定,可以在 Qt 支持的所有平台上运行,包括 Windows、macOS、Linux 和 Adroid,部分免费。
- Jython:Jython 程序可以和 Java 无缝集成。除了一些标准模块,Jython 还使用 Java 的模块。Jython 几乎拥有标准的 Python 中不依赖 C 语言的全部模块。比如,Jython 的图形用户界面使用 Swing、AWT 或者 SWT。Jython 可以被动态或静态地编译成 Java 字节码。

这一章主要向大家介绍 tkinter 的使用。需要说明的是,tkinter 虽然很好用,但是它提供的功能还是太少了,许多功能需要开发者自己去实现。wxPython、PyQt 这些第三方库各有自己的优势,大家可以在实际的 GUI 编程中,选择适合自己的工具包。

11.1 tkinter 概述

tkinter 基于的 Tk 技术最初是为 TCL 语言设计的。由于 Tk 技术非常灵活,所以其很快被应用在很多计算机语言中,包括 Python(tkinter)、Perl(Perl/Tk)、Tuby(Ruby/Tk)等。

tkinter 是 Python 默认的 GUI 库,Python 使用 tkinter 可以快速地创建 GUI 应用程序。相对于其他 Python GUI 库,tkinter 简单易学,可以使用少量的代码编写功能强大的 GUI。tkinter 内置在 Python 的安装包中,只要安装好 Python,就能通过 import tkinter 导入库直接使用。下面两种导入方法都可用。

方法一:

```
import tkinter
```

方法二:

```
from tkinter import *
```

11.1.1 tkinter 窗体

1. 创建

图形用户界面程序都需要一个根窗口,也称为主窗口。图形用户界面的主窗口就像在绘画时需要的画纸一样。主窗口是图形用户界面各种组件的载体,一个应用程序只能有一个主窗口。Tk 类提供了创建主窗口的构造函数,方法如下:

```
root = Tk()
```

2. 窗体属性与方法

如果想要在创建窗口时对窗口的大小进行设置,则可以调用窗口对象的方法 geometry()。geometry()方法需要传入一个字符串,如要设置窗口宽为 100 像素,高为 50 像素,形成一个长方形的窗口,写法是 geometry()。

还可以通过 title()方法为窗口设置标题,如 title("图形用户窗口")。

如果还要设置特有的窗体图标,则可使用 iconbitmap(),如 iconbitmap('exampl/Tool.ick')。

窗体的背景颜色可以通过背景属性进行修改,格式为:

```
窗体['background'] = 'color'
```

创建窗口后,要让窗口运行并能及时响应用户交互操作,需要不断检测事件,刷新组件,用到方法 mainloop()。mainloop()用来启动窗体事件循环,并等待接收各种事件信息,不停地告诉 GM(Geometry Manager)有一个组件产生。

例如,创建一个 200×100 大小的窗体并运行,代码如下:

```
import tkinter
root = tkinter.Tk()
root.geometry('200x100')
root.title('图形用户界面')
root['background'] = 'yellow'
root.mainloop()
```

运行结果如图 11-1 所示。

图 11-1　创建窗口

11.1.2　tkinter 组件

Python 中 tkinter 的组件主要存放在 tkinter、tkinterr.ttk、tkinter.tix、tkinter.scrolledtext 模块中。

1. 常用组件

tkinter 提供了非常多的组件,表 11-1 列出了使用频率较高的 19 个组件。

表 11-1　tkinter 中使用频率较高的 19 个组件

组　件	说　明
Button	按钮组件,在应用程序中显示按钮
Canvas	画布组件,用于显示图形元素
Checkbutton	多选框组件,用于在程序中提供多项选择框
Entry	输入组件,用于显示简单的文本内容
Frame	框架组件,用于在屏幕上显示一个矩形区域
Label	标签组件,可以显示文本和位图
Listbox	列表框组件,显示一个字符串列表给用户
Menubutton	菜单按钮组件,显示菜单项
Menu	菜单组件,显示菜单项、下拉菜单和弹出菜单
Message	消息组件,用于显示多行文本
Radiobutton	单选按钮组件,用于显示一个单选的按钮状态
Scale	范围组件,用于显示一个数值刻度
Scrollbar	滚动组件,当内容超过可视化区域时使用
Text	文本组件,显示多行文本
Toplevel	容器组件,与 Frame 组件类似
Spinbox	输入组件,与 Entry 类似,但是可以指定输入范围值
PanedWindow	窗口布局管理的插件,可以包含一个或多个子组件
LabelFrame	一个简单的容器组件,常用于复杂的窗口布局
tkMessageBox	用于显示应用程序的消息框

例如,在窗口上添加一个按钮组件的代码如下:

```
import tkinter
root = tkinter.Tk()
root.geometry('200x100')
root.title('图形用户界面')
root['background'] ='yellow'
button = tkinter.Button(root,text ='确定')
button.pack()
root.mainloop()
```

运行结果如图 11-2 所示。

2. 组件标准属性

标准属性是所有组件共有的属性,如大小、颜色等。具体属性如表 11-2 所示。

图 11-2　添加按钮组件

表 11-2　组件标准属性

属　性	说　明
background(bg)	设置背景颜色
foreground(bg)	设置字体颜色
highlightcolor	组件框架高亮显示
highlightbackground	高亮显示背景
highlightthickness	设置高亮框架线
relief	设置组件 3D 外观(flat、raised、sunken、groove、solid、ridge)
takefocus	决定窗口在键盘遍历时是否接收焦点(如 Tab、Shift-Tab)
width	设置组件横向宽度
font	设置组件显示的字体样式
cursor	指定鼠标指针格式
anchor	设置组件停靠位置,即所在区域的方位(center、n、ne、e、se、s、sw、w、nw)

例如,在窗口中设置按钮与标签,代码如下:

```python
import tkinter
root = tkinter.Tk()
root.geometry('300x100')
root.title('图形用户界面')
root['background'] = 'yellow'
label1 = tkinter.Label(root,text='登录界面',bg='yellow',fg='blue',font=('宋体',24))
label1.pack(anchor='n')
button = tkinter.Button(root,text='登录',width='10',relief='groove')
button.pack(anchor='e')
root.mainloop()
```

运行结果如图 11-3 所示。

组件的属性设置有 3 种方式。

① 在创建组件对象时,使用构造函数来创建组件并设置属性,如:

```python
button = Button(root, text='登录',width='10')
```

在创建按钮对象时,给它设置文本属性和宽度属性。

图 11-3　组件显示

② 在组件创建后,使用字典索引的方式设置属性值,如:

```
button['fg'] = 'blue'
```

通过字典索引的方式将按钮上的文本设置为蓝色。

③ 使用 config()方法更新多个属性对象,如:

```
button.config('fg' = 'blue', 'bg' = 'green')
```

同时设置按钮上文本的颜色以及按钮的背景色。

11.1.3　tkinter 组件布局

tkinter 支持 3 种几何布局管理器,分别是 pack、grid、place。它们主要决定组件的排列位置。不管哪一种几何布局管理器,在同一个父窗口中,都不可以混合使用。

1. pack(parameter)几何布局管理器

pack()可以使组件定位到窗体或其他组件指定的位置,parameter 为 pack()的可选参数,常用可选项有如下几个。

① side:决定组件的排列方式,默认值为 side=" top ",表示在顶端放置组件。还可以显式设置为 buttom(在下端)、left(在左端)、right(在右端)。pack()省略参数时表示 side=" top "。

② padx、pady:可以指定组件之间 x、y 方向上间隔的大小,默认单位为像素,也可设置成单位 c(厘米)、m(毫米)、i(英寸,1 英寸=2.54 cm)、p(打印机的点,即 1/27 英寸),如 pack(padx = 20 , pady =" 3m")。

③ anchor:组件之间的对齐方式,值可设置为 w(左对齐/靠西方向)、e(右对齐/靠东方向)、n(顶对齐/靠北方向)、s(底对齐/靠南方向)、nw(左上对齐/靠西北方向)、sw(左下对齐/靠西南方向)、se(右下对齐/靠东南方向)、ne(右上对齐/靠东北方向)、center(中间对齐)。默认是 center。

2. grid()几何布局管理器

grid()几何布局管理器是指将组件放置在一个二维的表格里,主组件被分割成一系列的行与列,表格中的单元格都可以放置组件。grid()的参数如表 11-3 所示。

表 11-3　grid( )的参数

参　数	作　用
column	指定组件插入的列(0 表示第 1 列),从 0 开始,默认值是 0
columnspan	指定用多少列(跨列)显示该组件
row	指定组件插入的行(0 表示第 1 行),默认为未放组件的下一个值
rowspan	指定用多少行(跨行)显示该组件
in_	将该组件放到该选项指定的组件中,指定的组件必须是该组件的父组件
ipadx	水平方向上的内边距,在组件内部,左右方向各填充指定长度的空间
ipady	垂直方向上的内边距,在组件内部,上下方向各填充指定长度的空间
padx	水平方向上的外边距,在组件外部,左右方向各填充指定长度的空间
pady	垂直方向上的外边距,在组件外部,上下方向各填充指定长度的空间
sticky	控制组件在 grid 分配空间中的位置 可以使用 "n"、"e"、"s"、"w" 以及它们的组合来定位(e、w、s、n 代表东、西、南、北,上北下南左西右东) 使用加号(+)表示拉长填充,例如 "n" + "s" 表示将组件垂直拉长填充网格,"n" + "s" + "w" + "e" 表示填充整个网格 不指定该值,则居中显示选项含义

在组件外部,左右方向各填充指定长度的空间。

如果没有声明 sticky 属性,默认将插件居中于单元中。

通过设置 sticky=tk.E(靠右上方),sticky=tk.SE(靠右下方),sticky=—th.SW(靠左下方),sticky=tk.NW(靠左上方),可以将插件布置在单元的某个角落。

通过设置 sticky=tk.W(靠上方),sticky=tk.E(靠右方),sticky=tk.S(靠下方),sticky=th.W(靠左方),可以将插件布置在单元的某个方向上。

通过设置 sticky=tk.N+tl.S,在垂直方向上延伸插件,并保持水平居中。

通过设置 sticky=tk.E+tk.W,在水平方向上延伸插件,并保持垂直居中。

通过设置 sticky=tk.N+th.E+tk.W,在水平和垂直方向上延伸插件,填满单元。

也可以使用其他的组合。比如,sticky=tk.N+tk.S+tk.W,在垂直方向上延伸插件,并靠左布放。

通过一个表格来理解 grid()布局,具体布置如图 11-4 所示。

label1		
label2	entry1	label4
label3	entry2	
button1		

图 11-4　布局格式效果

用 grid()几何布局管理器将整个窗体分成四行三列,包含 7 个组件。

• label1 在第 0 行、第 0 列,跨三列显示。

• label2 在第 1 行、第 0 列,左右两侧间距 40 像素。

- entry1 在第 1 行、第 1 列。
- label3 在第 2 行、第 0 列,左右两侧间距 40 像素,上下间距 20 像素。
- entry2 在第 2 行、第 1 列。
- label4 在第 1 行、第 2 列,跨两行显示,左右两侧间距 10 像素。
- button1 在第 3 行、第 1 列,跨两列显示。

实现图 11-4 布局的代码如下:

```
import tkinter
root = tkinter.Tk()
root.geometry('400x200')
root.title('登录界面')
root['background'] = 'yellow'
label1 = tkinter.Label(root,text='登录界面',bg='yellow',fg='blue',font=('宋体',24))
label1.grid(row=0,column=0,columnspan=3)
label2 = tkinter.Label(root,text='账号')
label2.grid(row=1,column=0,padx=40)
entry1 = tkinter.Entry(root)
entry1.grid(row=1,column=1)
label3 = tkinter.Label(root,text='密码')
label3.grid(row=2,column=0,padx=40,pady=20)
entry2 = tkinter.Entry(root)
entry2.grid(row=2,column=1)
label4 = tkinter.Label(root,text='验证码')
label4.grid(row=1,column=2,rowspan=2,padx=20)
button1 = tkinter.Button(root,text='登录',width='10',relief='solid')
button1.grid(row=3,column=1,rowspan=2)
root.mainloop()
```

运行效果如图 11-5 所示。

图 11-5 grid()布局效果

3. place()几何布局管理器

place()几何布局管理器可以指定组件放在一个特定的位置,它分为绝对布局和相对布局。place()常用属性如表 11-4 所示。

表 11-4　place( )常用属性

属　　性	说　　明
anchor	组件的对齐方式
relx	相对窗口宽度的位置,取值范围是[0,1.0]
rely	相对窗口高度的位置,取值范围是[0,1.0]
x	绝对布局的 x 坐标,单位是像素
y	绝对布局的 y 坐标,单位是像素

relx、rely 在相对布局时使用,relx = 0,rely = 0 的位置是左上角,relx = 0.5,rely = -0.5 的位置是屏幕中心。

使用 place()几何布局管理器实现图 11-5 所示效果的代码如下:

```python
import tkinter
root = tkinter.Tk()
root.geometry('400x200')
root.title('登录界面')
root['background'] = 'yellow'
label1 = tkinter.Label(root,text='登录界面',bg='yellow',fg='blue',font=('宋体',24))
label1.place(relx = 0.3,rely = 0)
label2 = tkinter.Label(root,text = '账号')
label2.place(x = 40,y = 50)
entry1 = tkinter.Entry(root)
entry1.place(x = 120,y = 50)
label3 = tkinter.Label(root,text = '密码')
label3.place(x = 40,y = 100)
entry2 = tkinter.Entry(root)
entry2.place(x = 120,y = 100)
label4 = tkinter.Label(root,text = '验证码')
label4.place(x = 280,y = 80)
button1 = tkinter.Button(root,text='登录',width='10',relief='solid')
button1.place(x = 150,y = 150)
root.mainloop()
```

11.2　tkinter 事件

11.2.1　tkinter 事件类型

事件就是触发的一些动作,如单击菜单、单击鼠标等。根据不同的动作,想要让程序执行不同的功能,就需要对事件进行处理,也就是调用不同的函数来完成相应的功能。

tkinter 中的事件都是用字符串来描述的,基本格式是:

```
<modifier-type-detail>
```

其中 modifier 和 detail 可以提供一些附加信息，modifier 为组合键的定义，例如，同时按下 Ctrl 键；detail 用于具体信息，如按下键盘中 B 键；type 指的是事件的类型。type 为通用类型，例如键盘按键(KeyPress)。

type 指的是事件的类型。常见的事件类型如表 11-5 所示。

表 11-5　常见的事件类型

type	说　明
Activate	组件从未激活到激活触发的事件
Destroy	当组件被销毁的时候触发该事件
Button	单击鼠标触发的事件，通过 detail 可以指定具体按哪个键： • <Button－1>，鼠标左键 • <Button－2>，鼠标中键 • <Button－3>，鼠标右键 • <Button－4>，鼠标滚轮上滚 • <Button－5>，鼠标滚轮下滚
ButtonRelease	用户释放鼠标按键触发的事件，如<ButtonRelease－1>指松开鼠标左键，鼠标光标的当前位置会以事件实例的 x、y 坐标成员的形式传递给回调函数
KeyPress	用户按下键盘触发的事件
Configure	组件尺寸发生变化时触发的事件，用 detail 指定按下哪一个键
Enter	鼠标光标接触组件触发事件。注意，不是指用户按下回车键
Leave	鼠标光标从当前组件离开时触发事件
FocusIn	① 当组件获得焦点的时候触发该事件 ② 用户可以用 Tab 键将焦点转移到该组件上(需要该组件的 takefocus 选项为 True) ③ 也可以调用 focus_set() 方法使该组件获得焦点
Motion	鼠标在组件内移动的整个过程都会触发的事件

常见的< modifier-type-detail >格式组合的常用事件类型如下。

(1) 鼠标单击事件

< Button-1 >：单击鼠标左键。

< Button-2 >：单击鼠标中间键(如果有)。

< Button-3 >：单击鼠标右键。

< Button-4 >：向上滚动滑轮。

< Button-5 >：向下滚动滑轮。

(2) 鼠标双击事件

< Double-Button-1 >：鼠标左键双击。

< Double-Button-2 >：鼠标中键双击。

< Double-Button-3 >.：鼠标右键双击。

(3) 鼠标释放事件

< ButtonRelease-1 >：鼠标左键释放。

< ButtonRelease-2 >：鼠标中键释放。

< ButtonRelease-3 >：鼠标右键释放。

（4）鼠标按下并移动事件（即拖动）

< B1-Motion >：左键拖动。

< B2-Motion >：中键拖动。

< B3-Motion >：右键拖动。

（5）鼠标其他操作< Enter >：鼠标进入控件（放到控件上面）

< FocusIn >：控件获得焦点。

< Leave >：鼠标移出控件。

< FocusOut >：控件失去焦点。

（6）键盘按下事件

< Key >：键盘按下，事件 Event 中的 keycode、char 都可以获取按下的键值。

< Return >：键位绑定，回车键，其他还有< BackSpace >、< Escape >、< Left >、< Up >、< Right >、< Down >等。

（7）控件属性改变事件< Configure >

控件大小改变，新的控件大小会存储在事件 Event 对象的 width 和 height 属性中，部分平台上该事件也代表控件位置改变。

（8）组合事件

例如< Control-Shift-Alt-KeyPress-A >，表示同时按下 Ctrl ＋ Shift ＋ Alt ＋ A 4 个键；< KeyPress-A >表示按下键盘中的 A 键。

11.2.2　事件对象及属性

事件对象是一个标准的 Python 对象类，拥有大量的属性，用于描述事件。事件对象的常用属性如表 11-6 所示。

表 11-6　事件对象的常用属性

属　性	说　明
widget	触发事件的组件
x,y	当前鼠标的位置，即 x、y 坐标，单位为像素
x_root,y_root	当前鼠标位置相对于屏幕左上角的位置，单位为像素
char	字符代码，为字符串的格式（仅键盘事件）
keysym	按键符号（仅键盘事件）
keycode	按键代码（仅键盘事件）
num	按钮数字（仅鼠标按键事件）
width	组件的新形状，宽度（仅 configure 事件）
height	组件的新形状，高度（仅 configure 事件）
type	事件类型

11.2.3　tkinter 事件绑定

将组件与事件关联起来就是事件绑定。在 Python 中,tkinter 允许将事件绑定在组件上,格式如下:

```
widget.bind(event, handler)
```

widget 表示组件,bind()方法将指定的事件绑定到组件上,event 参数接收要绑定的事件,handler 表示处理事件的函数。

当被触发的事件满足该组件绑定的事件时,tkinter 就会带着事件对象(Event)去调用 handler()方法。

例如,想要获取鼠标在窗口上单击时的坐标,则可将事件< ButtonRelease-1 > 与窗体绑定,再设置一个函数,用于处理鼠标单击事件。实现代码如下:

```
import tkinter as tk
def callback(event):
    print('第 % d 次单击,x 坐标:% d,y 坐标:% d'% (i, event.x, event.y))
root = tk.Tk()
root.title('绑定事件')
root.bind("< ButtonRelease - 1 >",callback)
root.mainloop()
```

运行结果:

```
第 1 次单击,x 坐标:23,y 坐标:39
第 2 次单击,x 坐标:79,y 坐标:41
第 3 次单击,x 坐标:132,y 坐标:54
第 4 次单击,x 坐标:48,y 坐标:91
第 5 次单击,x 坐标:88,y 坐标:93
第 6 次单击,x 坐标:154,y 坐标:97
```

如果希望将一个事件绑定到程序所有的组件上,则可以使用 bind_all()函数,格式如下:

```
widget.bind_all('widget', event, handler)
```

【案例 11-1】 剪刀石头布游戏。

剪刀石头布游戏是日常生活中常见的一种猜拳游戏,又称为"猜丁壳",古老而简单,这个游戏的主要目的是解决争议,因为三者相互制约,因此无论平局几次,总会有胜负的时候。在游戏规则中,石头克剪刀,剪刀克布,布克石头。现在设计一个图形化界面的猜拳游戏,实现玩家与计算机比拼,五局三胜,得出最后比分。

案例分析:

游戏可分为 3 个模块。

- 窗口布局:创建窗口,显示字符串变量以及各种在方法中要用到的其他变量。将 3 张出拳的图片存为一个列表,以便后续选取。
- 布局设置:在窗口上显示标签、比分、图片按钮。按钮上的图片即剪刀、石头、布。玩家方用 3 个按钮显示,以便玩家选择,当玩家单击相应图片时,调用判断方法,并传递选项值过去。计算机方只显示一个按钮,图片从 3 张图片中随机显示。

- 结果判断:当玩家单击按钮选项时调用,接收玩家传递过来的选择值,将该值与计算机中随机生成的值进行对比,判断是玩家赢,则玩家积分加 1,计算机赢,则计算机积分加 1,平局则两方积分都加 1。累计判断次数,当次数为 5 时,给出最后胜负判断结果,并弹出对话框询问是否重玩游戏,或是退出游戏。

实现代码如下:

```python
import random
from tkinter import *
import tkinter.messagebox
from PIL import Image, ImageTk
class Game():
    def __init__(self):
        self.root = Tk()
        self.root.geometry('500x500')
        self.root.title('剪刀石头布')
        self.user = StringVar()
        self.computer = StringVar()
        self.prompt = StringVar()
        self.result = StringVar()
        self.score_u = 0
        self.score_c = 0
        self.computer.set(0)
        self.user.set(0)
        self.pic = ['xx.gif','stone.gif','bu.gif']
        self.root['bg'] = 'royalblue'
        self.count = 0
        self.layout()
        self.root.mainloop()


    def layout(self):
        lab1 = Label(self.root,text='剪刀石头布',font=('黑体',28),fg='white',bg='royalblue')
        lab1.place(x=180,y=20)
        lab2 = Label(self.root,text='玩家',font=('宋体',22),fg='white',bg='royalblue')
        lab2.place(x=80,y=100)
        labu = Label(self.root,textvariable=self.user,font=('黑体',25), fg='yellow',bg='royalblue')
        labu.place(x=180,y=100)
        lab3 = Label(self.root,text='计算机',font=('宋体',22),fg='white',bg='royalblue')
        lab3.place(x=330,y=100)
        labc = Label(self.root,textvariable=self.computer,font=('黑体',25), fg='yellow',bg='royalblue')
        labc.place(x=400,y=100)
```

```
            image = Image.open("stone.gif")
            self.photo = ImageTk.PhotoImage(image)
            but_stone = tkinter.Button(self.root,text = '石头',image = self.photo,font = ('宋体', 15),
command = lambda:self.judge('1'))
            but_stone.place(x = 100,y = 150)
            image2 = Image.open("xx.gif")
            self.photo2 = ImageTk.PhotoImage(image2)
            but_scissors = tkinter.Button(self.root,text = '剪刀',image = self.photo2,font = ('宋体',
15), command = lambda:self.judge('0'))
            but_scissors.place(x = 100,y = 250)
            image3 = Image.open("bu.gif")
            self.photo3 = ImageTk.PhotoImage(image3)
            but_paper = tkinter.Button(self.root,text = '布',image = self.photo3,font = ('宋体', 15),
command = lambda:self.judge('2'))
            but_paper.place(x = 100,y = 350)
            self.r = random.randint(0,2)
    tu = self.pic[self.r]
            image4 = Image.open(tu)
            self.photo4 = ImageTk.PhotoImage(image4)
            self.but_computer = tkinter.Button(self.root,text = '布',image = self.photo4,font = ('宋
体', 15),command = '')
            self.but_computer.place(x = 350,y = 250)
            labs = Label(self.root,textvariable = self.prompt,font = ('宋体',22),fg = 'yellow',bg = '
royalblue')
            labs.place(x = 200,y = 150)
            labr = Label(self.root,textvariable = self.result,font = ('宋体',22),fg = 'yellow',bg = '
royalblue')
            labr.place(x = 240,y = 220)


        def judge(self,s):
            self.count += 1
            self.r = random.randint(0,2)
            tu = self.pic[self.r]
            image5 = Image.open(tu)
            self.photo5 = ImageTk.PhotoImage(image5)
            self.but_computer.configure(image = self.photo5)
            self.but_computer.image = self.photo5
            if int(s) == self.r:
                self.score_u += 1
                self.score_c += 1
                self.computer.set(self.score_c)
                self.user.set(self.score_u)
                self.prompt.set('本局打成平手')
            elif (s == '0' and self.r == 1) or (s == '1' and self.r == 2) or (s == '2' and self.r == 0):
```

```
            self.prompt.set('本局计算机赢')
            self.score_c += 1
            self.computer.set(self.score_c)
        else:
            self.prompt.set('本局玩家赢')
            self.score_u += 1
            self.user.set(self.score_u)
    result = str(self.score_u) + ":" + str(self.score_c)
    self.result.set(result)
    if self.count == 5:
        if self.score_c > self.score_u:
            self.prompt.set('最终计算机赢')
        elif self.score_u > self.score_c:
            self.prompt.set('最终玩家赢')
        else:
            self.prompt.set('双方势均力敌')

        res = messagebox.askyesnocancel('提示', '本轮游戏结束,是否重新挑战?')
        if res == True:
            self.computer.set(0)
            self.user.set(0)
            self.score_u = 0
            self.score_c = 0
            self.count = 0
        else:
            messagebox.showinfo('警告!', '游戏结束!')
            self.root.destroy()
if __name__ == '__main__':
    Game()
```

运行结果如图 11-6 所示。

图 11-6 游戏运行效果

11.3　tkinter 实践应用

【**案例 11-2**】　背单词系统。

实践目的：

- 熟悉并掌握软件开发的基本方法及流程；
- 熟悉并掌握 Python 面向对象特性及其在项目中的使用；
- 熟悉并掌握图形用户界面的设计与应用；
- 熟悉应用系统设计的分层体系架构。

11.3.1　需求分析

1. tkinter 功能需求

设计单词练习系统，建立一个单词库，可以从单词库中随机抽取单词进行练习。练习方式有英译中、中译英、拼写填空，对于显示出来的单词可单击声音按钮，系统给出读音。练习时，对于回答正确的会给出提示，并增加积分，错误的只有提示，不加积分。练习完成后可以查看出错的单词，并对错误的单词进行次数统计。

对单词库的单词也能进行查看、增加、删除、修改等操作。

2. tkinter 组件需求

涉及的 tkinter 组件如下。

- 变量：在其他组件中要显示的变量需要先声明，如 tkinter. StringVar()。
- 标签：tkinter. Label(self. wt,text='英文',font=('宋体',12),bg=' yellow ')。
- 文本框：tkinter. Entry(self. root,width=15,font=('宋体', 20))。
- 按钮：tkinter. Button(self. root,text ='查看错词表',width =10,font =('宋体', 15),command=self. wrong_word)。
- 单选按钮：先创建一个组，再创建单选按钮，将属性 variable 设置为组名，则可实现一组单选按钮的设计。如：

```
self. radiolist = tkinter. IntVar()
    r1 = tkinter. Radiobutton(self. root, variable = self. radiolist, value = 0, text = "英译中",
command = self. select1,bg =' yellow')
    r2 = tkinter. Radiobutton(self. root, variable = self. radiolist, value = 1, text = "中译英",
command = self. select2,bg =' yellow')
    r3 = tkinter. Radiobutton(self. root, variable = self. radiolist, value = 2, text = "拼写填空",
command = self. select3,bg =' yellow')
```

- 表格：先创建表格组件，再设置列属性 column 的列名称，可设置每一列的列宽，不设置则会自动按窗口宽度平分各列。表格标题可用 heading 属性进行设置。

将内容加入表格，使用 insert()方法。响应鼠标单击事件可用 bind()方法。获取表格中选中内容可用 item()方法：

```
tree = ttk.Treeview(self.wt,show='headings',height = 15)
tree['columns'] = ('1','2','3')
tree.column('1',width = 110)
tree.column('2',width = 110)
tree.column('3',width = 100)
tree.heading('1',text='英文',anchor='center')
tree.heading('2',text='中文',anchor='center')
tree.heading('3',text='错误次数',anchor='center')
tree.insert("",'end',values = (self.wrong[w-1][0],self.wrong[w-1][1],c))
```

获取表格内容：

```
self.tree.item(self.row, "values")
```

表格单击事件：

```
self.tree.bind('<Button-1>', self.click)
```

'<Button-1>'：按下左键。
'<ButtonRelease>'：按下后松开左键。

3. 需要的标准库

涉及的标准库先用 import 方式导入头部,代码如下：

```
import tkinter
import math
import tkinter.messagebox
import random
import time
from tkinter import ttk
from tkinter import ttk
from tkinter import *
import tkinter.messagebox
import win32com.client
from PIL import Image, ImageTk
```

11.3.2 模块设计

1. 模块划分

将整个单词系统划分成以下几个模块。

（1）登录

登录模块包含两种登录方式,一种是用已存在账户登录,另一种是以游客身份登录。

（2）界面设计

界面设计即设计各个模块需要用到的图形化界面,以及各种元素的排版布局。

- 登录：用户登录输入信息界面。
- 单词练习：积分显示、练习选择、单词显示、单词输入框、提交按钮、链接按钮、读音按钮等。
- 错词查看：表格控件、链接按钮。

- 排行榜：表格控件、链接按钮。
- 单词汇总：表格控件、链接及操作按钮、中英文输入框。

（3）单词练习

显示练习积分，提供练习选项，输入相应中英文，提交输入信息，判断输入信息，实现单词读音语音播放，进入其他界面的按钮功能实现。

（4）错词查看

将练习出错的单词显示出来，并统计显示出错次数。

（5）单词汇总

显示所有单词，并能对单词进行增、删、改、查等操作。

（6）排行榜

显示用户名、积分，以及排名信息。

具体模块划分如图 11-7 所示。

图 11-7　背单词模块划分

2. 设计流程

背单词设计流程如图 11-8 所示。

图 11-8　背单词设计流程

11.3.3 模块实现

使用 tkinter 进行 GUI 设计,界面可参考图 11-9。

图 11-9　主界面

1. 登录设计

创建登录界面,在初始化方法中构建好登录界面,通过按钮实现页面跳转。登录界面如图 11-10 所示。

图 11-10　登录界面

在登录模块,首先要创建窗口,在窗口中放置如图 11-7 所示的组件:3 个标签、2 个文本输入框、2 个按钮。其中密码输入框中需要设置密码不可见,可通过将 show 属性设为“ * ”实现。

两个按钮需要实现界面的跳转与链接交互,可通过设置 command 属性实现。

当用户输入账号和密码通过按钮提交请求时,需要将接收到的输入信息与文件中存储的用户信息进行匹配。设置一个方法专门从文件中获取用户账号信息,将获取到的信息存储到列表中。

再通过一个方法来判断输入内容与列表中的用户信息是否一致,一致则跳转页面并传递用户信息过去,不一致则弹出对话框。

```python
class StartPage:
    def __init__(self):
        self.window = tkinter.Tk()
        self.window.title('背单词系统')
        self.window.geometry('450x500')
        #img = tk.PhotoImage(file='bg.gif')
        self.window['bg'] = 'royalblue'
        label = Label(self.window,bg='royalblue',text="背单词练习系统",fg='white',font=
("Verdana", 30))
        label.pack(pady=30)   # pady=100 界面的长度
        Label(self.window, text='账号:',bg='royalblue',  fg='white',font=('宋体', 16)).pack
(pady=10)
        self.username = tkinter.Entry(self.window, width=10, font=('宋体', 20), bg='Ivory')
        self.username.pack(pady=5)
        Label(self.window, text='密码:', bg='royalblue', fg='white', font=('宋体', 16)).pack
(pady=5)
        self.psw = tkinter.Entry(self.window, width=10, font=('宋体', 20), bg='Ivory', show
='*')
        self.psw.pack(pady=10)

        Button(self.window, text="学生登录", font=('宋体', 20),  width=10,command=self.
login, fg='white',bg='dodgerblue', activebackground='black', activeforeground='white').pack(pady
=10)
        #command=lambda:Recite(self.window),
        Button(self.window, text="游客登录", font=('宋体', 20),  width=10,command=lambda:
Recite(self.window,'游客'), fg='white',bg='dodgerblue', activebackground='black', activeforeground
='white').pack()

        self.user = []
        self.get_user()
        self.window.mainloop() #主消息循环

    def get_user(self):
        f = open('stu_login.txt','r',encoding='utf-8')
        t = f.read().split('\n')
        for d in t:
```

```
            if len(d)>=2:
                self.user.append(d.split(','))
        f.close()

    def login(self):
        for u in self.user:
            if self.username.get() == u[0] and self.psw.get() == u[1]:
                Recite(self.window,self.username.get())
                break
        else:
            messagebox.showinfo('提示！','用户名不存在或密码错误！')
```

2. 主界面设计

（1）构造方法

在主界面设计中，将背单词系统设计成一个类，在类的构造方法中先将前一个窗口，即登录界面的窗口关闭，再创建主界面窗口。在构造方法中，设置各种初始化变量和方法调用。具体步骤如下。

a）关闭登录窗口，可用 destroy()方法实现。

b）创建 tkinter 窗口对象作为主界面窗口，并设置窗口的相关属性，如大小、标题、背景等。

c）设置窗口中需要使用并能自动刷新的字符串变量 tkinter.StringVar，如积分、用户名、显示的随机单词、回答提示信息等。

d）用字符串变量.set()方法设置字符串初始显示值。

e）设置各方法模块需要使用的属性，如单词列表变量、错词列表变量、计分、拼写填空变量等。设置为对象属性，则所有类中所有的方法均可访问。

f）创建单选按钮组号，用 tkinter.IntVar()实现。

g）创建随机数，数值用来表示单词表的索引号，用于从单词表中随机抽取单词。

h）调用各种方法，如界面设置布局、窗体运行方法等。

```
class Recite():
    def __init__(self,pwindow,username):
        pwindow.destroy()
        self.root = tkinter.Tk()
        self.root.geometry('450x500')
        self.root.title('背单词')
        self.root['bg'] = 'royalblue'
        self.word = tkinter.StringVar()          #显示单词
        self.score = tkinter.StringVar()         #显示积分
        self.username = tkinter.StringVar()      #显示用户名

        self.prompt = tkinter.StringVar()        #提示信息
        self.eng = tkinter.StringVar()           #设置英语输入框的默认值
        self.chn = tkinter.StringVar()
```

```
self.chn.set("")
self.name = username                    #接收登录页面传递过来的用户信息
self.username.set(username+'当前积分:')
self.fen = 0
self.score.set(0)
self.prompt.set('你最棒')
self.wrong = []                         #错词表
self.dic = []
self.word_list()
self.fill = ''
self.space = ''
self.radiolist = tkinter.IntVar()
self.r = random.randint(0,len(self.dic)-1)  #随机产生数字,表示单词索引号
self.word.set(self.dic[self.r][0])
self.speak = self.word.get()            #用于传递需要朗读的英文单词

self.layout()
self.get_rank()
self.root.protocol("WM_DELETE_WINDOW", self.back)  #捕捉右上角关闭按钮
self.root.mainloop()
```

（2）单词读取

从单词库文件中将单词读取出来。单词可以用文件存储,也可以用数据库存储。此处用的是文本文件。文件中一行为一个单词的中英文。

打开文件读取数据,先对数据进行清洗,按换行符将它们分离成列表,一个单词为一个元素。再对列表进行遍历,对于遍历到的每一个元素(即单词)再次进行分离,即每个单词分成中文和英文两个元素,将分离得到的列表追加到初始化设置中创建的单词列表变量中。

实现代码如下:

```
def word_list(self):
    f = open('words.txt','r',encoding='utf-8')
    t = f.read().split('\n')
    for d in t:
        if len(d)>=2:
            self.dic.append(d.split())
    f.close()
```

（3）主界面布局

主界面布局如图 11-11 所示。

参照主界面图进行界面元素的创建与布局。

a）标题:为标签,放置到顶部。

b）积分:用户名标签＋积分标签,用户名标签中的文本属性为"用户名＋当前积分",积分标签中的内容为文本变量,显示为初始设置中的积分变量。

c）单词显示:标签,文本为初始设置中的显示单词变量。

图 11-11   主界面布局

d）答案输入：输入文本框。

e）练习方式：单选按钮组，根据选择通过 command 属性调用不同的方法。

f）回答提示：标签，文本为初始设置中的提示变量。

g）判断（确定）：按钮，通过 command 属性调用判断方法。

h）退出：按钮，通过 command 属性调用退出方法。

i）查看错词表：按钮，通过 command 属性调用错词显示方法。

j）查看单词表：按钮，通过 command 属性调用单词显示方法。

k）查看排行榜：按钮，通过 command 属性调用排行信息显示方法。

l）读音：按钮，背景图，通过 command 属性调用读音方法。

布局代码如下：

```
def layout(self):
    lab1 = tkinter.Label(self.root,text='背单词，赢积分',fg='white',font=('宋体', 30),bg='royalblue')
        lab1.pack(pady=20)
        lab_score = tkinter.Label(self.root,textvariable=self.score,font=('宋体', 30),fg='red',bg='royalblue')
        lab_score.pack()
        lab_2 = tkinter.Label(self.root,textvariable=self.username,fg='yellow',font=('宋体', 16),bg='royalblue')
        lab_2.place(x=10,y=100)
        lab_word = tkinter.Label(self.root,textvariable=self.word,font=('宋体', 20),bg='white')
        lab_word.place(x=130,y=140)
        self.entry = tkinter.Entry(self.root,width=15,font=('宋体', 20))
        self.entry.place(x=120,y=200)
```

```
        r1 = tkinter.Radiobutton(self.root,variable = self.radiolist,value = 0,fg = 'orange',
text = "英译中",
    command = self.select1,bg = 'royalblue')
        r2 = tkinter.Radiobutton(self.root,variable = self.radiolist,value = 1,fg = 'orange',
text = "中译英",
    command = self.select2,bg = 'royalblue')
        r3 = tkinter.Radiobutton(self.root,variable = self.radiolist,value = 2,fg = 'orange',
text = "拼写填空",
                                command = self.select3,bg = 'royalblue')
        self.radiolist.set(0)
        r1.place(x = 40,y = 130)
        r2.place(x = 40,y = 150)
        r3.place(x = 40,y = 170)


        image = Image.open("g1.gif")
        self.photo = ImageTk.PhotoImage(image)


        but1 = tkinter.Button(self.root,text = '确定',fg = 'white',bg = 'dodgerblue',width = 5,font
= ('宋体', 15),command = self.judge)
        but1.place(x = 130,y = 300)
        but2 = tkinter.Button(self.root,text = '退出',fg = 'white',bg = 'dodgerblue',width = 5,font
= ('宋体', 15),command = self.exit)
        but2.place(x = 230,y = 300)
        buts = tkinter.Button(self.root,text = '读音',image = self.photo,font = ('宋体', 15),
command = self.say)
        buts.place(x = 360,y = 120)


        lab_prompt = tkinter.Label(self.root,textvariable = self.prompt,font = ('宋体', 18),fg = '
yellow',bg = 'royalblue')
        lab_prompt.place(x = 150,y = 250)


        but3 = tkinter.Button(self.root,text = '查看错词表',width = 10,bg = 'dodgerblue',fg = '
white',font = ('宋体', 15),command = self.wrong_word)
        but3.place(x = 230,y = 360)
        but4 = tkinter.Button(self.root,text = '查看单词表',width = 10,bg = 'dodgerblue',fg = '
white',font = ('宋体', 15),command = self.list_word)
        but4.place(x = 80,y = 360)
        but5 = tkinter.Button(self.root,text = '排行榜',width = 10,bg = 'dodgerblue',fg = 'white',
font = ('宋体', 15),command = self.rank)
        but5.place(x = 150,y = 400)


        self.entry.bind("< Return >",self.judge_enter)  # 将输入框绑定回车键
```

(4) 单词练习方式模块

3 个单选按钮对应不同的练习方式。根据选择不同的单选按钮,标签显示不同的内容。练习用户根据标签显示的内容在文本输入框中输入单词对应的中英文,单击"确定"按钮调用相应方法进行判断。方法的调用由各单选按钮的 command 属性触发,将 command 属性链接到对应的处理方法中。

单击英译中:标签显示英文,随机显示单词表中的一个单词,同时传递单词的英文给朗读变量。

```
def select1(self):
    self.r = random.randint(0,len(self.dic) - 1)
    self.word.set(self.dic[self.r][0])
    self.speak = self.word.get()
```

单击中译英:随机显示单词表中的一个单词,标签显示中文,传递单词的英文给朗读变量。

```
def select2(self):
    self.r = random.randint(0,len(self.dic) - 1)
    self.word.set(self.dic[self.r][1])
    self.speak = self.dic[self.r][0]
```

单击拼写填空:单词字母随机缺少一个。利用随机数函数生成一个数字,遍历英文单词的字母,数字对应的位置替换为下划线,其他的字母正常显示,传递单词的英文给朗读变量。

```
def select3(self):
    self.r = random.randint(0,len(self.dic) - 1)
    word = self.dic[self.r][0]
    k = random.randint(0,len(word) - 1)
    self.space = ''
    for i in range(len(word)):
        if i! = k:
            self.space += word[i]
        else:
            self.space += '_'
            self.fill = word[i]
    self.space = self.space + '' + self.dic[self.r][1]
    self.word.set(self.space)
    self.speak = self.dic[self.r][0]
```

(5) 正误判断

先判断练习方式是哪一种,再获取文本框输入的内容,将获取内容与对应的单词表内容进行比对,相同,则增加积分,给出赞扬提示;不同,则给出鼓励提示,将对应单词加到错词表。

若为拼写填空模式,判断过程如下。

a) 获取文本框输入内容(不区分大小写,则统一变成小写)。

b) 如果输入内容与空缺内容相同,则给出赞扬提示,增加积分,并将积分变量进行更新,显示在标签中。

c) 如果输入内容与空缺内容不同,则给出鼓励提示,将单词追加到错词列表。

d) 再次生成随机数,用于下一轮的单词抽取。

e) 调用拼写填空方法。

f）将文本输入框的内容清空。

若为中译英或英译中，判断过程如下。

a）如果为中译英模式，设 $c=1$，即与文本框内容进行匹配的是列表中的索引号为 1 的元素，提取单词中的中文。

b）如果为中译英模式，设 $c=0$，即与文本框内容进行匹配的是列表中的索引号为 0 的元素，提取单词中的英文。

c）将文本框内容与提取到的内容进行匹配。

d）如果相同，则给出赞扬提示，增加积分，更新积分显示。

e）如果不同，则给出鼓励提示，将单词追加到错词表。

f）再次生成随机数，用于下一轮单词抽取。

g）将抽取到的单词更新并显示出来。

h）清空文本框中的内容。

如果想在输入内容之后按键盘的回车键响应，即按回车键时调用 judge()方法，可用如下代码实现：

```
def judge_enter(self,entry): #响应回车键时调用 judge()方法
    self.judge()
```

（6）退出

单击退出按钮，退出程序，实现代码如下：

```
def exit(self):
    self.root.destroy()
```

（7）单词读音

当单击界面上的读按钮时，能对界面上显示的单词进行语音朗读，具体操作如下。

① 导入声音库，import win32com.client。

② 传递单词的英文部分给 Speak()方法，实现单词的朗读。

实现代码如下：

```
def say(self):
    speaker = win32com.client.Dispatch('SAPI.SpVoice')
    speaker.Speak(self.speak)
```

3. 错词表

单击"查看错词表"按钮调用 wrong_word()方法，则会打开新的窗口，进入错词表界面，原窗口隐藏。在新窗口将错词表中的内容以表格的形式列出来，并显示错误次数。

具体设计步骤如下。

① 隐藏原窗口，创建新窗口。

② 显示标题：标签。

③ 创建表格：表格位置、列数目 3、列标题。

④ 遍历错词表，统计错词出现的次数：

a）对错词表进行排序，让相同的单词相邻；

b）在错词表末尾追加一个符号，用于遍历结束，便于统计次数；

c）获取错词中的第一个单词，并设出现次数为 1；

d）从第二个单词开始对单词表进行遍历；

e）如果单词跟第一个单词相同，则将次数加 1；

f）如果不同，则将单词的英文与中文、次数写入表格中显示，同时将次数修改为 1，第一个单词的变量值改为当前单词；

g）将添加的符号删除，以防止下次对它进行统计。

⑤ 返回主界面：单击返回按钮，返回主界面，设置 command 事件为 back()方法，即可返回主界面。

实现代码如下：

```python
def wrong_word(self):
    self.root.withdraw()
    #self.root.destroy()
    self.wt = tkinter.Tk()
    self.wt.title('错词表')
    self.wt.geometry('450x500')
    self.wt['bg'] = 'royalblue'
    lab_wr = tkinter.Label(self.wt,text='本次练习错词表',fg='white',font=('宋体',20),bg='royalblue')
    lab_wr.place(x=100,y=10)
    tree = ttk.Treeview(self.wt,show='headings',height=15)
    tree.place(x=30,y=50)
    tree['columns'] = ('英文','中文','错误次数')
    tree.column('英文',width=110)
    tree.column('中文',width=110)
    tree.column('错误次数',width=100)

    for col in tree['columns']:   #绑定函数,使表头可排序
        tree.heading(col, text=col,
            command=lambda _col=col: self.tree_sort_column(tree, _col, False))

    but_re = tkinter.Button(self.wt,text='返回',bg='dodgerblue',fg='white',font=('宋体',15),command=self.back)
    but_re.place(x=150,y=400)
    self.wrong.sort(key=lambda x:x[0])
    self.wrong.append(['','])
    p = self.wrong[0][0]
    c = 1
    for w in range(1,len(self.wrong)):
        if self.wrong[w][0]==p:
            c += 1
        else:
            tree.insert("",'end',values=(self.wrong[w-1][0],self.wrong[w-1][1],c))
            c = 1
            p = self.wrong[w][0]
    del self.wrong[-1]
    self.wt.protocol("WM_DELETE_WINDOW", self.back)   #捕捉右上角关闭按钮
```

返回按钮的功能：关闭（销毁前一个），使用 destroy()方法；同时更新、显示原隐藏主界面，

使用 update()和 deiconify()来实现。

```
def back(self):
    self.wt.destroy()
    self.root.update()
    self.root.deiconify()
```

运行效果如图 11-12 所示。

图 11-12　错词表

如果想要通过单击表格的标题对错词表进行排序,如单击标题错误次数,可以按次数降序或升序排序,如图 11-13 所示。

图 11-13　错词表排序

需要先创建列表,对表格中获取的数据进行遍历,存放到创建的列表中,然后对列表进行排序,再对排序过后的列表进行索引移动,实现按所单击的标题进行排序并显示。实现代码如下:

```
def tree_sort_column(self, tv, col, reverse):        # Treeview、列名、排列方式
    ls = [(tv.set(k, col), k) for k in tv.get_children("")]
    ls.sort(reverse = reverse)                       # 排序方式


    for index, (val, k) in enumerate(ls):            # 根据排序后索引移动
        tv.move(k, '', index)
    tv.heading(col, command = lambda: self.tree_sort_column(tv, col, not reverse))
```

4. 单词表显示

在主界面单击"查看单词表"按钮,调用单词表显示方法,会打开新的窗口,并将原窗口隐藏。在新窗口将单词表中的内容以表格的形式列出来,并提供添加、删除、返回按钮,单击按钮调用相关方法。具体过程如下。

① 隐藏原窗口,创建新窗口,用 Toplevel()方法创建。

② 显示标题:标签。

③ 创建表格:表格位置、列数目 2、列标题。

④ 创建两个文本框,分别用于输入单词的中文和英文。

⑤ 创建 4 个按钮,分别对应添加、修改、删除、返回 4 个功能。

⑥ 遍历单词表,将单词的英文、中文显示在窗口的表格中。

⑦ 调用表格组件的左键单击响应事件,当单击表格中某个单词时,对应的中英文会显示在文本输入框中,可对其进行修改。

注意:使用 tk.Tk()方法来新建窗口,这样得到的是一个新的根窗口,无法与原来的根窗口进行有效交互。

因此需要使用 Toplevel 组件新建顶级窗口,Toplevel 组件是一个独立的顶级窗口,这种窗口通常拥有标题栏、边框等部件,和 Tk() 创建出来的根窗口是一样的,共享着一样的方法。

具体代码如下:

```
def list_word(self):
    self.root.withdraw()
    self.wt = tkinter.Toplevel()
    self.wt.title('单词表')
    self.wt.geometry('450x500')
    self.wt['bg'] = 'royalblue'
    lab_wr = tkinter.Label(self.wt, text = '单词表', fg = 'white', font = ('宋体', 20), bg = 'royalblue')
    lab_wr.place(x = 180, y = 10)
    lab_en = tkinter.Label(self.wt, text = '英文', fg = 'white', font = ('宋体', 12), bg = 'royalblue')
    lab_en.place(x = 10, y = 50)
    self.ent_en = tkinter.Entry(self.wt, width = 15, textvariable = self.eng, font = ('宋体', 12))
    self.ent_en.place(x = 50, y = 50)
    lab_ch = tkinter.Label(self.wt, text = '中文', fg = 'white', font = ('宋体', 12), bg = 'royalblue')
```

```
            lab_ch.place(x = 10,y = 90)
            self.ent_ch = tkinter.Entry(self.wt,width = 15,textvariable = self.chn,font = ('宋体',
12))
            self.ent_ch.place(x = 50,y = 90)
            but_add = tkinter.Button(self.wt,text = '添加单词',bg = 'dodgerblue',fg = 'white',font = ('
宋体',15),command = self.add_word)
            but_add.place(x = 50,y = 130)

            self.tree = ttk.Treeview(self.wt,show = 'headings',height = 15)
            self.vbar = ttk.Scrollbar(self.wt, orient = VERTICAL, command = self.tree.yview)
    self.tree.configure(yscrollcommand = self.vbar.set)
            self.tree.place(x = 200,y = 50)
            self.tree['columns'] = ('英文','中文')
            self.tree.column('英文',width = 100)
            self.tree.column('中文',width = 100)

            for w in range(1,len(self.dic)):
                self.tree.insert("",'end',values = (self.dic[w-1][0],self.dic[w-1][1]))
            self.tree.bind('<Button-1>', self.click)   #左键获取位置
            for col in self.tree['columns']:   #绑定函数,使表头可排序
                self.tree.heading(col, text = col,
                            command = lambda _col = col: self.tree_sort_column(self.tree, _col,
False))

            but_up = tkinter.Button(self.wt,text = '修改',bg = 'dodgerblue',fg = 'white',font = ('宋体',
15),command = self.update)
            but_up.place(x = 50,y = 180)
            but_re = tkinter.Button(self.wt,text = '删除',bg = 'dodgerblue',fg = 'white',font = ('宋体',
15),command = self.delete)
            but_re.place(x = 50,y = 230)
            but_re = tkinter.Button(self.wt,text = '返回',bg = 'dodgerblue',fg = 'white',font = ('宋体',
15),command = self.back)
            but_re.place(x = 50,y = 280)
            but_re = tkinter.Button(self.wt,text = '保存　',bg = 'dodgerblue',fg = 'white',font = ('宋体
',15),command = self.save)
            but_re.place(x = 50,y = 330)

            self.wt.protocol("WM_DELETE_WINDOW", self.back)   #捕捉右上角关闭按钮
```

运行效果如图 11-14 所示。

5. 单击事件

　　要实现用鼠标单击单词,被单击单词的中英文出现在界面的中英文输入框中,如图 11-15 所示,单击单词 advise,在英文和中文的文本输入框中自动出现相应的英文和中文。

图 11-14　单词表

图 11-15　单击事件效果图

定义响应单击事件时,需要传递事件参数 event。具体的操作如下。

a)获取列:使用 identify_column(event. x)。

b)获取行:使用 identify_row(event. y)。

c)将行或行中的元素信息获取到,可使用 item(行\列,"values")方法,此处需要获取的是行中的信息。

d)将行中的第一个元素设为文本框中的英文部分并显示(以便单击修改、删除时传递数据)。

e)将行中的第二个元素显示为文本框中的中文部分。

实现代码如下：

```
def click(self, event):
    self.col = self.tree.identify_column(event.x)   # 列
    self.row = self.tree.identify_row(event.y)   # 行
    self.row_info = self.tree.item(self.row, "values")
    if self.row >= 'I001':
        self.eng.set(self.row_info[0])
        self.chn.set(self.row_info[1])
```

接下来定义单击各按钮时响应的事件。

单击"添加单词"按钮实现以下操作：

① 获取文本框中输入的单词中文和英文；

② 将中英文组合成一个列表，即一个单词；

③ 判断这个单词是否已在单词表中，如果已存在，则给出提示信息；

④ 如果不存在，则将它追加到单词表中，显示在窗口表格的末尾。

具体代码如下：

```
def add_word(self):
    add_en = self.ent_en.get()
    add_ch = self.ent_ch.get()
    add_word = [add_en, add_ch]
    if add_word in self.dic or add_en == "" or add_ch == "":
        messagebox.showinfo('警告！', '该单词已存在或为空')
    else:
        self.dic.append(add_word)
        self.tree.insert("", 'end', values=(add_en, add_ch))
```

单击"删除"按钮时，从单词列表及显示窗口将单词删除。具体操作如下。

① 先弹出警告框，让用户选择是否确定删除单词。

② 如果确定删除，将单词从单词表中删除，也从窗口表格中删除，同时弹出删除成功的提示窗口。

实现代码如下：

```
def delete(self):
    res = messagebox.askyesnocancel('警告！', '是否删除所选单词？')
    if res == True:
        self.tree.delete(self.tree.selection()[0])   # 删除所选行
        self.dic.remove(list(self.row_info))
        messagebox.showinfo('提示！', '删除成功！')
```

单击"修改"按钮时，可以对指定单词进行修改。具体操作如下。

① 获取文本框中输入的英文和中文。

② 弹出警告框，让用户选择是否确定修改单词。

③ 如果确定修改，则查看输入的英文和中文是否与原单词相同。

④ 如果相同，则弹出提示窗口。

⑤ 如果不同,但是输入的英文或中文为空,也弹出提示窗口。

⑥ 否则就将输入的单词替换为原单词表中的单词,并在窗口的表格中进行更新,给出修改成功的弹出窗口。

实现代码如下:

```python
def update(self):
    up_en = self.ent_en.get()
    up_ch = self.ent_ch.get()
    res = messagebox.askyesnocancel('警告!','是否更新所选数据?')
    if res == True:
        if up_en == self.row_info[0] and up_ch == self.row_info[1]:
            messagebox.showinfo('警告!','单词未改变!')
        elif up_en == '' or up_en == '':
            messagebox.showinfo('警告!','单词不完整!')
        else:
            self.dic[self.dic.index(list(self.row_info))] = [up_en,up_ch]
            self.tree.item(self.tree.selection()[0],values = (up_en,up_ch))
            messagebox.showinfo('提示!','修改成功')
```

单击"保存"按钮时,将修改过的单词信息保存到单词文件中。具体操作如下。

① 打开文件,以覆盖写的方式打开。

② 遍历单词列表,逐行写入单词信息。

③ 关闭文件。

代码如下:

```python
def save(self):
    f = open('wordss.txt','w',encoding = 'utf - 8')

    for d in self.dic:
        f.writelines(''.join(d) + '\n')
    f.close()
```

6. 排行榜

在排行榜中,利用表格控件显示所有用户的积分,以及排名信息。

首先要获取排名文件中的排名信息。具体操作如下。

① 创建列表,用来存储用户的积分信息。

② 打开文件,将文件中的用户积分信息读取出来。需要对读取到的信息进行清理,去掉换行符,按逗号分离用户名和积分。

实现代码如下:

```python
def get_rank(self):
    self.user_score = []
    f = open('rank.txt','r',encoding = 'utf - 8')
    t = f.read().split('\n')
    for d in t:
```

```
        if len(d)>= 2:
            self.user_score.append(d.split(','))
    f.close()
```

创建排行榜窗口,用列表控件显示排名信息。具体操作如下。

① 隐藏主界面窗口,创建新窗口,设置窗口属性。

② 设置标签,用来显示"排行榜"标题信息。

③ 设置表格控件,用 3 列来分别显示用户名、积分、排名,并将表格绑定单击事件,实现单击表头可进行按表标题排序。

④ 遍历用户积分列表,如果用户名在列表中存在,则用本次练习的积分替换原有积分。

⑤ 不存在,则将新用户的信息及积分添加到列表中。

⑥ 对列表按积分进行降序排序。

⑦ 遍历排序之后的列表,将信息显示在表格控件中。

实现代码如下:

```
def rank(self):
    self.root.withdraw()
    # self.root.destroy()
    # self.get_rank()
    self.wt = tkinter.Tk()
    self.wt.title('排行榜')
    self.wt.geometry('450x500')
    self.wt['bg'] = 'royalblue'
    lab_wr = tkinter.Label(self.wt,text = '排行榜',fg = 'white',font = ('宋体',20),bg = 'royalblue')
    lab_wr.place(x = 100,y = 10)
    tree = ttk.Treeview(self.wt,show = 'headings',height = 15)
    tree.place(x = 30,y = 50)
    tree['columns'] = ('用户名','积分','排名')
    tree.column('用户名',width = 110)
    tree.column('积分',width = 110)
    tree.column('排名',width = 100)

    for col in tree['columns']:    # 绑定函数,使表头可排序
        tree.heading(col, text = col,
                                command = lambda _col = col: self.tree_sort_column(tree, _col,
False))
    but_re = tkinter.Button(self.wt,text = '返回',bg = 'dodgerblue',fg = 'white',font = ('宋体',15),
command = self.back)
    but_re.place(x = 150,y = 400)
    for s in self.user_score:
        if self.name in s:
            s[1] = self.score.get()
            break
    else:
```

```
        self.user_score.append([self.name,self.score.get()])
    self.user_score.sort(key = lambda x:int(x[1]),reverse = True)
    for i in range(len(self.user_score)):
        tree.insert("",'end',values = (self.user_score[i][0],self.user_score[i][1],i+1))
    self.wt.protocol("WM_DELETE_WINDOW", self.back) #捕捉右上角关闭按钮
```

运行效果如图 11-16 所示。

图 11-16　排行榜

课 后 习 题

1. 设计一个图形用户界面的学生成绩管理系统。
2. 设计一个界面化的小学生四则运算练习系统。具体要求如下。

用户可以从菜单中选择某种运算进行练习;每次练习 10 道题;选择某项练习,完毕后给出做对的题数,每小题练习后直接给出是否正确的提示;用户可以反复选择练习,直到选退出为止。由于是小学生,所以程序不能产生诸如不够减的减法、不能整除的除法、分母为 0 的除法等题目。

(1) 功能:执行一道题的练习,并计分。
(2) 输入:用户的选择(0——退出,1——加法,2——减法,3——乘法,4——除法)。
(3) 返回值:本道题的得分(做对得 10 分,做错得 0 分)。
(4) 模块内部逻辑:
① 随机产生两个操作数;
② 产生题目;
③ 接收用户的输入答案;
④ 判断正确与否,计分;
⑤ 退出时给出再见信息。

注意:分母不能为 0,被减数要大于减数,被除数必须是除数的整数倍。